Narine Hovhannisyan

O desenvolvimento de uma nova tecnologia de produção de pão

Narine Hovhannisyan

O desenvolvimento de uma nova tecnologia de produção de pão

Imprint
Any brand names and product names mentioned in this book are subject to trademark, brand or patent protection and are trademarks or registered trademarks of their respective holders. The use of brand names, product names, common names, trade names, product descriptions etc. even without a particular marking in this work is in no way to be construed to mean that such names may be regarded as unrestricted in respect of trademark and brand protection legislation and could thus be used by anyone.

Cover image: www.ingimage.com

This book is a translation from the original published under ISBN 978-3-659-80468-7.

Publisher:
Sciencia Scripts
is a trademark of
Dodo Books Indian Ocean Ltd. and OmniScriptum S.R.L publishing group

120 High Road, East Finchley, London, N2 9ED, United Kingdom
Str. Armeneasca 28/1, office 1, Chisinau MD-2012, Republic of Moldova, Europe
Printed at: see last page
ISBN: 978-620-7-73170-1

Universidade Agrária Nacional da Arménia

Responsável pelo departamento de tecnologia de transformação de matérias-primas de origem vegetal do Instituto de Investigação Científica em Segurança e Biotecnologia

Narine Hovhannisyan

O desenvolvimento de novas tecnologias de produção de pão e de produtos de pastelaria com um objetivo funcional

ÍNDICE DE CONTEÚDOS

INTRODUÇÃO

As actividades relacionadas com a transformação de matérias-primas vegetais estimulam o desenvolvimento de tecnologias domésticas de produtos alimentares e de matérias-primas secundárias.

Nas condições de saturação do mercado com uma variedade de produtos e em condições de concorrência difíceis, a obtenção de novos alimentos de origem vegetal é um desafio estratégico importante.

A gama de géneros alimentícios está a aumentar de ano para ano e a tecnologia de produção está também a tornar-se mais complexa. As exigências dos consumidores estão também a tornar-se mais rigorosas. São mais rigorosos no que respeita à qualidade e à composição do produto. A este respeito, é necessário salientar a importância do desenvolvimento de novas tecnologias modernas.

Os fabricantes de alimentos começaram a pensar na forma de preparar os seus produtos, que não só são deliciosos, como também úteis. As pessoas preferem comer alimentos úteis que ajudam a melhorar a sua saúde. Alguns alimentos contêm ingredientes que têm um efeito positivo no corpo humano.

O mercado arménio iniciou novas tendências no desenvolvimento de novas tecnologias alimentares com a utilização de matérias-primas vegetais e qualquer investigação sobre a indústria pode contribuir substancialmente para o desenvolvimento do mercado, tanto do ponto de vista da produção de alimentos de qualidade como da promoção desses produtos no mercado.

A experiência mundial mostra que para resolver o problema da alimentação saudável é necessário desenvolver e criar a produção industrial de produtos alimentares especializados de uma nova geração, adicionalmente enriquecidos com vitaminas, macro e microelementos em falta, a um nível correspondente às necessidades fisiológicas do homem. A forma mais importante de criar produtos que proporcionem uma alimentação saudável é enriquecer os produtos de base (farinha, pão) e desenvolver novas tecnologias para a obtenção destes produtos.

Atualmente, existe um grande interesse na utilização de matérias-primas técnico-medicinais na produção de alimentos funcionais. As matérias-primas silvestres são ricas em diferentes substâncias activas biológicas: vitaminas, macro e microelementos, fibras alimentares, ácidos orgânicos, compostos fenólicos.

O verdadeiro ramo do desenvolvimento da tecnologia do pão de trigo de composição química melhorada é a utilização de extractos secos de ervas medicinais. A recolha de extractos de ervas multicomponentes aumenta a resistência a pequenas doses de radiação, reduz o teor de radionuclídeos no corpo humano

O desenvolvimento de uma tecnologia eficaz para a preparação de produtos alimentares com a utilização de aditivos funcionais para aumentar o valor nutricional e a qualidade dos produtos acabados é uma tarefa atual na produção de produtos.

A UTILIZAÇÃO DE MATÉRIAS-PRIMAS TÉCNICO-MEDICINAIS EM A TECNOLOGIA DE FABRICO DE PÃO

INTRODUÇÃO

Atualmente, existe um grande interesse na utilização de matérias-primas técnico-medicinais na produção de alimentos funcionais. As matérias-primas silvestres são ricas em diferentes substâncias activas biológicas: vitaminas, macro e microelementos, fibras alimentares, ácidos orgânicos, compostos fenólicos [1].

O atual ramo do desenvolvimento da tecnologia do pão de trigo de composição química melhorada é a utilização de extractos secos de ervas medicinais. A recolha de extractos de ervas multicomponentes aumenta a resistência a pequenas doses de radiação, reduz o teor de radionuclídeos no corpo humano[1,2].

Independentemente do tipo de matérias-primas utilizadas pelos padeiros para o enriquecimento dos produtos de panificação, a principal fonte de substâncias alimentares do pão é a farinha. O valor nutritivo do pão e dos produtos de padaria depende principalmente da qualidade da matéria-prima principal, da sua composição química. Todos os anos, a situação da qualidade dos cereais torna-se mais complicada nos mercados de todo o mundo, uma vez que os operadores de exportação exigem aos agricultores que aumentem a quota-parte dos cereais grosseiros, o que naturalmente implica uma redução da quota-parte dos cereais alimentares. Isto aplica-se, em particular, ao trigo de terceira categoria, cuja produção está a diminuir cada vez mais intensamente de ano para ano. Por conseguinte, os padeiros quase esqueceram os fortes e valiosos moleiros.

O objetivo deste trabalho foi estudar o efeito de diferentes dosagens de fitopó obtido a partir de extractos secos de plantas medicinais nas propriedades da farinha e nas propriedades reológicas da massa.

OBJECTOS E MÉTODOS

Para a investigação foi utilizada a farinha de panificação de grau mais elevado e a coleção de plantas medicinais recomendadas nas perturbações funcionais do sistema cardiovascular. Parte da coleção inclui as seguintes ervas: hypericum (erva), valeriana (raiz), tomilho (erva), melissa (erva) na proporção 2:2:1:1.

O hypericum tem sido popularmente considerado uma das melhores ervas medicinais, que cura 99 doenças. A planta hypericum é também utilizada em doenças do aparelho digestivo (diarreia, gastrite crónica, úlcera péptica), do fígado e da vesícula biliar, dos rins. Verificou-se também que o extrato da planta em aplicação intravenosa, estimula o coração, aumenta a amplitude das contracções cardíacas, aumenta a pressão sanguínea, contrai os vasos sanguíneos[1,2]. A composição química das raízes e rizomas da valeriana é diferente. Foram encontradas cerca de 100 substâncias individuais. O rizoma e as raízes da planta contêm 0,5-2% de óleo essencial, mas dependendo das condições de crescimento é possível que o teor chegue a 3,5%. A valeriana regula o coração, melhora a circulação coronária devido à ação direta do borneol nos vasos sanguíneos do coração, aumenta a secreção do aparelho glandular do trato gastrointestinal, aumenta a secreção biliar[1,2].

As propriedades mais úteis do tomilho são a sua composição única. Contém tomilho, ácidos orgânicos, taninos, vitaminas B,C, caroteno, flavonóides, resinas e goma, bem como uma série de macro e microelementos valiosos - cálcio, potássio, magnésio, fósforo, sódio, zinco, selénio, cobre, manganês e ferro. As melhores propriedades úteis do tomilho manifestam-se durante a floração das plantas, pelo que os especialistas recomendam a sua recolha para posterior secagem neste período [1].

O bálsamo de melissa contém 0,1-0,3% de óleos essenciais e os principais componentes desta planta são, naturalmente, taninos, ácido rosmarínico, diferentes ácidos, flavonóides, muco e resina[1].

SECÇÃO EXPERIMENTAL

As plantas incluídas na coleção foram misturadas, trituradas num moinho de laboratório, peneiradas através de um crivo N 43 e receberam um pó subtilmente disperso com um teor de sólidos de 97-98%: Amostras experimentais de pão de trigo preparadas com 2%, 4% e 6% em peso de sólidos de farinha de fito-pó ao amassar. Como amostra de controlo é utilizado o pão de forno, preparado de acordo com as receitas tradicionais. A qualidade do produto acabado é determinada pela matéria-prima, por isso, em primeiro lugar, investigámos o efeito da inserção de fito pó na quantidade e qualidade do glúten da farinha de trigo. O estudo das propriedades do glúten foi efectuado no dispositivo IDC [3] e os resultados do estudo encontram-se na tabela 1.

Quadro 1. Indicadores de qualidade do glúten

Dosage phyto powder	Amount of wet gluten	The values IDC of the device
Control variant	8,5	74,0
2	8,5	73,5
4	8,5	73,5
6	8,4	73,0

Verificou-se que a aplicação do fito pó pocti não afecta a quantidade de glúten húmido da farinha, mas conduz a um ligeiro reforço. Este facto é explicado pela presença da enzima vitaprost polifenoloxidases e do ácido ascórbico que fortalece o glúten. O papel principal neste facto é desempenhado pelos compostos de proteínas da farinha de trigo com açúcares restaurados com pó de fito. A formação de tais complexos leva ao aparecimento de laços de pontes, reforçando a estrutura das proteínas do glúten.

Para desenvolver a tecnologia do pão de trigo com adição de fito pó, permitindo obter um produto acabado de elevada qualidade, é necessário estudar as propriedades reológicas da massa. A determinação das propriedades reológicas da massa foi efectuada por viscosimetria capilar. As propriedades reológicas foram investigadas em amostras de teste imediatamente após a mistura e após a fermentação. As características comparativas dos principais indicadores da amostra de controlo e da massa com fitopó antes e depois da fermentação são apresentadas no quadro 2.

Tabela 2. Indicadores da qualidade da massa de farinha de trigo com utilização de fitopó

The studied samples	Initial humidity dough,	The initial acidity of the dough, grad.	Limit shear stress Θ, kPa	Coefficient consistency K, kPa
The dough before fermentation				
Control variant	42,4	1,8	2,36	4,1
2	42,6	1,8	1,51,	1,82
4	42,7	1,8	1,09	1,27
6	42,8	1,8	0,37	0,48
The dough after fermentation				
Control variant	41,6	2,4	2,95	1,56
2	41,8	2,4	0,96	0,46
4	41,8	2,4	0,79	0,21
6	41,7	2,4	0,72	0,28

Os dados experimentais obtidos mostram que a introdução de fito-pó na massa de farinha de trigo tem um impacto significativo nas suas propriedades reológicas. Verifica-se que, com o aumento da dosagem de fitopó, a tensão de cisalhamento final e o coeficiente de consistência são reduzidos tanto na massa antes como depois da fermentação. Assim, em comparação com a variante de controlo da massa, preparada com 2% de fitopó, a tensão de cisalhamento final e o coeficiente de consistência diminuíram 67% e 6,4%, respetivamente. Na massa preparada com 4% de fito em pó, em comparação com a variante de controlo, a tensão limite e o coeficiente de consistência diminuíram 73,5 e 86%. No teste feito com 6% de suplemento, a tensão de cisalhamento final e o coeficiente de consistência diminuíram em 75,5 e 18,7%, respetivamente.

As figuras 1 e 2 mostram a natureza da variação da tensão de cisalhamento limite (9) e do coeficiente de consistência (K) das amostras do ensaio em função da dose de pó de fito.

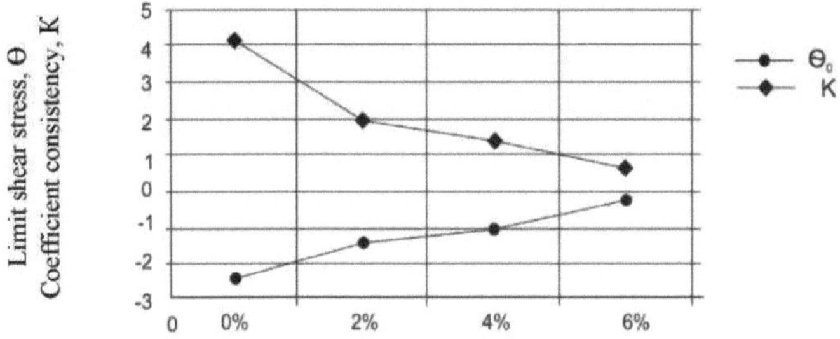

O teor de fitopó, %

Fig. 1. A influência do pó de fito nas propriedades reológicas da massa antes da fermentação

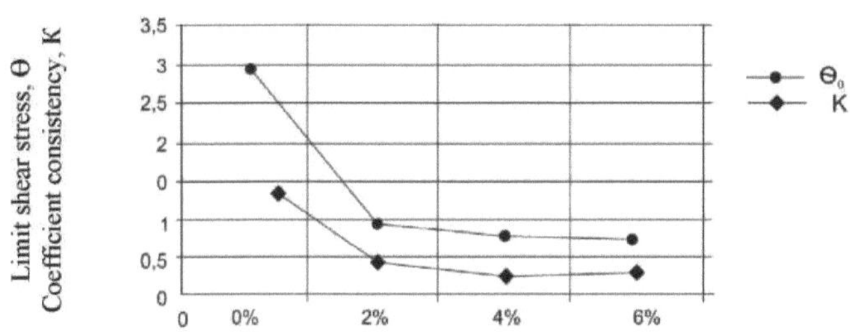

O teor de fito-pó,%

Fig. 2. A influência do fitopó nas propriedades reológicas da massa após a fermentação

Estudos têm demonstrado que as amostras de tensão de cisalhamento aumenta linearmente com o aumento da taxa de cisalhamento, o que é provavelmente devido ao facto de que sob o aumento das forças de cisalhamento é o aumento da orientação das partículas na direção do fluxo. No momento da preparação da massa, a interação dos componentes do ensaio é uma macro - e microestrutura definida. Ao expor a carga de tensão, há um deslocamento das camadas em relação umas às outras com uma resistência, estrutura organizada definida. Quanto maior a tensão aplicada e a taxa de cisalhamento, mais lugares há uma redistribuição dos componentes da estrutura e o rompimento dos laços entre eles. Devido a isso, ocorre uma diminuição da resistência ao deslocamento das camadas em relação umas às outras, ou seja, a queda da viscosidade. Isto é caraterístico da cozedura da massa.

Nas amostras de massa preparadas com a utilização do fito pó, diminuíram os valores da tensão de cisalhamento limite e do coeficiente de consistência. Estes resultados indicam um reforço das características de viscosidade do ensaio, ou seja, a melhoria das suas propriedades reológicas. O estudo foi o teste de capacidade de formação de gás da opredelena. Estudos demonstraram que a quantidade de dióxido de carbono libertado depende da dosagem de inserção do fito pó, aumentando a dosagem a quantidade de gás carbónico aumenta. No teste de amostra de 2% de pó de fito, 5 horas de fermentação, a quantidade de dióxido de carbono libertado excede o controlo em 37%, quando se adiciona 4% a 32%, enquanto se faz

6 % de fito-pó,- 5,3 %.

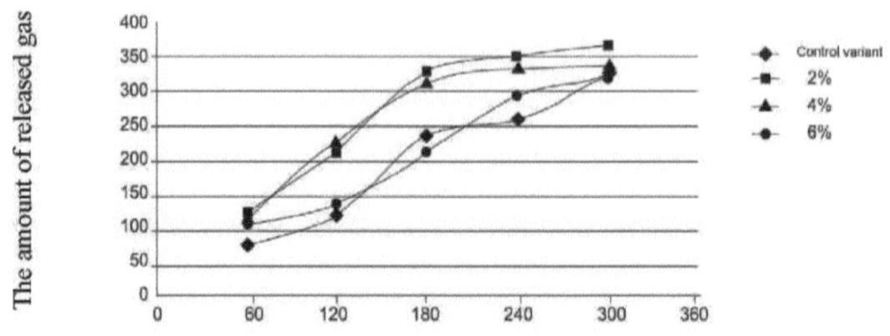

Duração da fermentação, min

Fig. 3. O efeito da dosagem no número de fito-pó do dióxido de carbono separado

Verifica-se que em todas as amostras, o dióxido de carbono é o mais intenso nas primeiras 3 horas de fermentação e depois diminui gradualmente. Isto deve-se ao facto de, após a utilização da farinha dos seus próprios açúcares para a fermentação, através do rearranjo do aparelho enzimático da célula de levedura para a fermentação da maltose no meio de fermentação.

CONCLUSÕES

Verificou-se que a aplicação do fitopó pocti não afecta a quantidade de glúten húmido da farinha, mas conduz a um ligeiro reforço.

Estudos demonstraram que as amostras de tensão de cisalhamento aumentam linearmente com o aumento da taxa de cisalhamento, o que provavelmente se deve ao facto de que, sob forças de cisalhamento crescentes, a orientação das partículas aumenta na direção do fluxo.

Nas amostras de massa preparadas com a utilização de fito-pó, diminuem os valores da tensão de cisalhamento limite e do coeficiente de consistência.

REFERÊNCIAS

[1]   . Turova, L. D. Plantas medicinais da URSS e sua aplicação. - M.: Medicine, (1982) 304p.

[2]   . Yashin, Y. I. Antioxidantes naturais. O conteúdo em produtos alimentares e a sua influência na saúde. Moscovo: Translit, (2009) 212p.

[3]   Maksimov, S. A. Trabalho prático de laboratório sobre a reologia de matérias-primas, produtos semi-acabados e artigos acabados de panificação, macarrão e confeitaria [Texto] /A. S. Maksimov V. J. Chernyh. - M.: Publicação de um complexo da Universidade de Moscovo de produção alimentar, (2004) 163p.

INFLUÊNCIA DAS MATÉRIAS-PRIMAS FÁRMACO-TÉCNICAS NOS PARÂMETROS DE QUALIDADE DA MASSA DE TRIGO E DA SEMI-ÓPERA COZIDA SEM MÉTODO DA ESPONJA E NA QUALIDADE DA MASSA

INTRODUÇÃO

Recentemente, através do fabrico de produtos alimentares funcionais, surgiu um grande interesse pela utilização de matérias-primas técnicas medicinais, que tem vindo a aumentar nas regiões de investigação. A investigação no domínio da indústria alimentar e da medicina utiliza largamente centenas de espécies de matérias-primas técnicas medicinais. As plantas que contêm substâncias biologicamente activas que podem ser utilizadas para fins terapêuticos são designadas por medicamentos. O enriquecimento de receitas de produtos alimentares com extractos de matérias-primas técnico-medicinais não só aumenta o seu valor nutricional, como também lhes confere propriedades preventivas [1].

A base do lançamento de alimentos funcionais inovadores e competitivos deve assentar na investigação e nos testes de fabrico altamente complexos. Atualmente, existe um grande interesse na utilização de matérias-primas técnico-medicinais no fabrico de alimentos funcionais. Matérias-primas silvestres ricas em vários ingredientes biologicamente activos: vitaminas, macro e microelementos, fibras dietéticas, ácidos orgânicos, compostos fenólicos[2].

A direção atual do desenvolvimento da tecnologia do pão de trigo com uma composição química melhorada é a utilização de extractos secos de ervas medicinais.

O objetivo deste trabalho é estudar o efeito de diferentes dosagens de fito pó obtido a partir de extractos secos de plantas medicinais nas propriedades da farinha e nas propriedades reológicas da massa.

As massas alimentícias têm uma grande procura no quotidiano, entre alimentos de alta qualidade e baratos. Por conseguinte, os produtos de massa podem servir como um alvo conveniente para o enriquecimento, através do qual é possível corrigir a alimentação e o valor preventivo das dietas na direção certa.

O objetivo do presente estudo é investigar a possibilidade de utilizar plantas medicinais como fonte de substâncias biologicamente activas na produção de produtos de macarrão para fins especiais.

De acordo com o objetivo pretendido, realizou-se uma investigação exaustiva que incluiu: a escolha da utilização de plantas medicinais e formulações de cargas medicamentosas; investigação do efeito das cargas de plantas medicinais nas propriedades dos principais componentes estruturais da farinha de trigo, glúten e amido, nas propriedades reológicas da massa e nos parâmetros de qualidade da massa acabada.

Os resultados da investigação efectuada serão apresentados no nosso próximo artigo.

OBJECTOS E MÉTODOS

Para a investigação é utilizada a farinha de panificação de grau superior e a coleção de plantas medicinais recomendadas nas perturbações funcionais cardiovasculares do fígado. Parte da coleção é composta pelas seguintes plantas medicinais: hypericum (erva), valeriana (raiz), tomilho (erva), melissa (erva) na proporção 2:2:1:1.

As plantas incluídas na coleção foram misturadas, trituradas num moinho de laboratório, peneiradas através do peneiro N43 e obtiveram um pó fino com um teor de sólidos de 97-98%:

SECÇÃO EXPERIMENTAL

Amostras experimentais de pão de trigo foram preparadas com a adição de 2%, 4% e 6% de peso de matéria seca de fitopó de farinha na massa. Como amostra de controlo foi utilizado o pão de forno, preparado de acordo com as receitas tradicionais. O estudo das propriedades do glúten foi efectuado no dispositivo IDC[3].

A qualidade do produto acabado é determinada pela matéria-prima, por isso, em primeiro lugar, investigámos o efeito da inserção de fito pó na quantidade e qualidade do glúten da farinha de trigo.

O estudo das propriedades do glúten foi efectuado no dispositivo IDC e os resultados do estudo são apresentados na tabela 1.

Quadro 1. Indicadores de qualidade do glúten

Dozages phyto powder, %	The amount of wet gluten, g.	The values IDC of the device
Control variant	8,5	74,0
2	8,5	73,5
4	8,5	73,5
6	8,4	73,0

Verificou-se que a aplicação de pó de ervas quase não tem efeito sobre a quantidade de glúten húmido da farinha, mas leva a um ligeiro reforço. Para determinar o método mais promissor do procedimento de ensaio na tecnologia do pão de trigo com a utilização de novas matérias-primas, a massa é preparada com os métodos da esponja e da massa direta.

Verificou-se que os pães preparados com a adição de matérias-primas técnico-medicinais possuem as melhores características físicas e químicas.

Quadro 2. Efeito das matérias-primas técnico-medicinais nas propriedades organolépticas da massa e dos produtos semi-acabados preparados com o método da esponja e sem esponja

The name of parameters	The quality of finished products using additives			
	Control variant, %	2%	4%	6%
Appearance Form	Rounded corresponding to the shape of this bread, not vague			
Surface	Without big cracks and explosions			With a small cracks
Color	Light yellow color		Light brown, with a golden hue	
Taste and smell	The nature of this type of products, without foreign taste and odor			
Condition of crumb	Baked, not moist to the touch. Elastic, after a light finger pressure crumb takes the form initial. Without lumps. Well-developed, without voids and seals. With the presence of uniform pores.	Baked, not moist to the touch. Elastic, after a light finger pressure crumb takes the form initial. Without lumps. More uniform and thin structure in comparison with the control sample		

Os resultados da influência da quantidade de aditivo inserido e do método de restorilonline nas características físico-químicas da massa de trigo, dos produtos semi-acabados e acabados, da fase de preparação da massa, são apresentados nos quadros 3 e 4.

Quadro 3. Efeito das matérias-primas técnico-medicinais nas características físico-químicas da massa e do método da esponja semi-preparada

The name of parameters	The quality of semifinished products and the technological process parameters			
	Control variant, %	2%	4%	6%
Humidity dough, %	42,8	42,6	42,5	42, 5
The acidity of the dough, grad.	2,5	2,5	2,5	2,5
The duration of the fermentation dough, min.	90	90	100	110
The duration of the proving, min.	120	120	125	125
The duration of baking, min.	40	40	35	35

Quadro 4. Efeito das matérias-primas técnico-medicinais nas características físico-químicas dos produtos acabados preparados pelo método da esponja

The name of parameters	The quality of finished products with the additive			
	Control variant, %	2%	4%	6%
The moisture content of bread, %	41,5	41,7	41,7	42, 7
The acidity of bread, grad.	2	2	2	2
Porosity, %	73,5	74,2	72,8	71,5
Structural and mechanical properties of the crumb, ΔH. com	162,2	151,5	158,5	153,6
Specific volume, cm3	3,20	3,24	3,24	3,21
Put,%	7,8	6,8	6,6	6,1
Shrinkage,%	4,0	3,90	3,6	3,8
Yield,%	143,9	145,2	147,6	148,5

Verifica-se que o pão preparado com a adição de matéria-prima técnico-medicinal possui as melhores características físicas e químicas. Na amostra com 2% de taxa de aditivo, a "porosidade" é mais elevada em comparação com o controlo e as outras amostras. O indicador "volume específico" nas amostras de pão com adição de matérias-primas medicamentosas é também superior ao da variante de controlo em 1,57%. O rendimento do grão com a introdução de um aditivo de 2% aumentou em 1,20% em comparação com o controlo, com a introdução de 4% de aditivo - 3,70%, fazendo 6% de aditivo - 5,30%. O encolhimento do pão com a adição é também inferior ao do controlo, em média, em 0,2-0,4 %. A introdução do aditivo em quantidades superiores a 2 % conduz a um aumento da duração da fermentação e da fermentação. Obviamente, o aumento da dosagem de fitopó suprime a atividade vital da levedura, resultando num aumento da duração do processo. Devido ao forte efeito de reforço sobre o volume específico do glúten e a porosidade do pão é reduzida, o miolo do pão escurece, diminui a compressibilidade total do miolo, diminui a deformação plástica, há o sabor e o cheiro de ervas medicinais.

Investigámos o efeito das matérias-primas medicinais-técnicas na alteração das características de qualidade da massa de trigo, dos produtos semi-acabados e acabados, quando o método de preparação da massa é o mesmo que o da massa direita, como se mostra nos quadros 5 e 6.

Quadro 5. Efeito das matérias-primas técnico-medicinais nas características físico-químicas da massa e dos produtos semi-acabados fabricados sem o método da esponja

The name of parameters	The quality of semifinished products and the technological process parameters			
	Control variant, %	2%	4%	6%
Humidity dough, %	43,0	42,6	42,8	43,0
The acidity of the dough, grad.	2,5	2,5	2,5	2,5
The duration of the fermentation dough, min.	95	120	175	195
The duration of the proving, min.	120	120	125	125
The duration of baking, min.	25	25	25	25

Quadro 6. Efeito das matérias-primas técnico-medicinais nas características físico-químicas dos produtos acabados fabricados sem o método da esponja

The name of parameters	The quality of finished products with the additive			
	Control variant,%	2%	4%	6%
The moisture content of bread, %	41,6	41,8	41,8	42, 8
The acidity of bread, grad.	1,9	2	2	2
Porosity, %	77,0	80,1	78,8	77,5
Structural and mechanical properties of the crumb, ΔH. com	173,2	176,5	180,0	175,1
Specific volume, cm3	3,38	3,72	3,50	3,45
Put,%	7,5	6,3	6,1	5,9
Shrinkage,%	4,0	3,8	3,6	3,6
Yield,%	146,3	152,4	151,5	150,20

Como resultado da investigação realizada, verificou-se que uma dosagem de matérias-primas técnico-medicinais na quantidade de 2 % é óptima. O pão com a adição desta dosagem de matérias-primas técnico-medicinais foi caracterizado por melhores indicadores físico-químicos e organolépticos. O valor da porosidade quando se adiciona 2 % de aditivo por peso de farinha aumentou em comparação com o controlo é de cerca de 4,5 %, fazendo 4% e 6 % é de cerca de 2,5 %. Além disso, tais indicadores aumentam a qualidade do pão, como a estabilidade dimensional, o volume específico, a porosidade, a compressibilidade total do miolo, a sua deformação plástica e elástica. Quando se tomam suplementos em doses superiores a 6 %, verifica-se uma deterioração da qualidade do pão. Em ligação com o efeito de reforço sobre o glúten e a diminuição da capacidade da estrutura da rede de glúten para se esticar sob a pressão do dióxido de carbono, o volume do pão é reduzido, aumenta significativamente a sua estabilidade dimensional, o miolo do pão escurece, diminui a compressibilidade total do miolo.

CONCLUSÕES

Verifica-se que as amostras do método da massa cozida apresentam melhores indicadores de qualidade do que as amostras preparadas pelo método da esponja. A introdução de aditivos no método de duas fases de preparação da massa devido à intensificação dos processos coloidais, bioquímicos e microbiológicos. No processo de envelhecimento do suplemento com farinha, água e levedura num produto semi-acabado formaram-se compostos complexos estáveis que interagem físico-quimicamente com os componentes do teste, melhorando as propriedades reológicas da massa e a qualidade do pão.

REFERÊNCIAS

[1] . Turova, L. D. Plantas medicinais da URSS e sua aplicação. -M.: Medicina, (1982) 304p.
[2] . Matveeva, T. V. Ingredientes alimentares fisiologicamente funcionais para produtos de panificação e pastelaria: monografia/ T.V. Matveeva, S.Y. Karachkina. Orel: FGBOU VPO-"State University- unpk",(2012) 947p.
[3] . Maksimov, S. A. Trabalho prático de laboratório sobre a reologia de matérias-primas, produtos semi-acabados e artigos acabados de panificação, macarrão e confeitaria [Texto] /A. S. Maksimov V. J. Chernyh. - M.: Publicação de um complexo da Universidade de Moscovo de produção alimentar, (2004) 163p.

DESENVOLVIMENTO DA TECNOLOGIA DE PRODUÇÃO DE PÃO DE TRIGO DE IMPORTÂNCIA FUNCIONAL COM SUPLEMENTOS DE BAGAS

INTRODUÇÃO

Atualmente, toda a indústria alimentar tem de resolver o problema da produção de alimentos de importância funcional. O processamento de géneros alimentícios e a sua realização são considerados uma tarefa complexa e primordial. Os principais produtos alimentares que são considerados como a maior fonte de enriquecimento são o pão, as bebidas e os produtos lácteos[1].

Tendo em conta que 75% da população consome 30 gramas de pão por dia, o enriquecimento do pão é o mais produtivo. De acordo com as estatísticas, uma pessoa consome cerca de 12 toneladas de pão durante a sua vida. Graças ao pão, o corpo humano obtém 50% da quantidade necessária de vitamina B.

O objetivo do trabalho é processar uma nova tecnologia e receita de pão de trigo/centeio de importância funcional contendo suplementos de bagas [2]. Para atingir os nossos objectivos, os seguintes problemas devem ser resolvidos:

- Estudar a composição química dos suplementos que vão ser utilizados;
- Determinar as quantidades e os tipos de suplementos que vão ser utilizados;
- Planear as fases tecnológicas da indústria do pão.

OBJECTOS E MÉTODOS

A novidade científica é a extensão do pão de trigo/centeio utilizando matérias-primas não tradicionais feitas de bagas secas e moídas.

Com o objetivo de obter pão de nova importância funcional, foi escolhida como amostra a raça "City" [GOST 26984-86], em que uma parte do trigo foi substituída por suplementos naturais moídos. Três tipos de bagas [3] foram escolhidos como suplementos: morango de jardim, framboesa e groselha, uma vez que estas bagas são amplamente cultivadas na nossa região.

SECÇÃO EXPERIMENTAL

A composição química de 100 bagas trituradas é apresentada no Quadro 1.

Tabela 1. Composição química do pó obtido a partir de bagas

Index	Garden strawberry	Raspberry	Red currant
Dietary fiber, %	13.2	22.2	20.4
Mass fraction of moisture, %	12.2	11.9	11.3
B1 Vitamin,%	0.45	0.16	0.03
B2 Vitamin,%	0.32	0.15	0.12
PP Vitamin,%	0.6	1.2	0.4
C Vitamin,%	60.0	25.75	28.85
Mg, %	72.0	88.0	68.0
P,%	92.0	148.0	132.0
Fe, %	6.0	6.0	4.5

Como podemos ver na Tabela 1, as bagas que escolhemos têm diferenças na quantidade de fibra alimentar, vitaminas e minerais que têm um forte efeito na qualidade do pão processado. Para decidir a fração ideal de utilização do suplemento, este foi utilizado numa fração de 1 a 11% através de etapas de 2%. De acordo com os resultados da investigação, foram escolhidas as seguintes proporções: 1%, 3% e 5% para morangos de jardim, 1% e 3% para framboesas e 1%, 3% e 5% para groselha vermelha.

Ao adicionar suplementos à massa, a sua acidez torna-se $0,65^0$ N a partir de 0,1, pelo que o processo de colagem se torna mais ativo, e o aumento da distensão é observado como resultado deste processo. Todos os produtos estavam de acordo com os requisitos do GOST (Sistema Estatal de Normalização)[4], porque a acidez do pão "City", pão de trigo/centeio não deve exceder $8,0^0$ N (Tabela 2.)

Quadro 2. Índices físicos e químicos da massa

Another sample	Acidity, ^{0}N	Moisture, %
Sample	4.9	48.1
Garden strawberry-1%	5.0	48.9
Garden strawberry-3%	5.15	51.5
Garden strawberry-5%	5.55	54.0
Raspberry-1%	5.05	50.4
Raspberry-3%	5.2	51.7
Red currant -1%	5.1	52.6
Red currant-3%	5.3	54.1
Red currant 5%	5.5	55.1

Foi determinado que a textura esponjosa e o teor de cinzas foram alterados a partir dos índices físicos e químicos do pão feito com suplementos, que são apresentados no Quadro 3.

Como se pode ver neste quadro, a percentagem de textura esponjosa no pão que contém suplementos é de 64-68%. De acordo com as normas, não deve ser inferior a 62%, e a acidez também cumpre a norma, segundo a qual deve ser de 0,8°N. A quantidade de cinzas aumentou pelo menos 1,3 vezes, ou seja, o pão tornou-se rico em minerais e fibras alimentares.

Tabela 3. Índices físicos e químicos do pão

Another sample	Moisture, %	Acidity, ^{0}N	Spongy texture, %	Ash content,%
Sample	39.7	5.5	63	1.756
Garden strawberry-1%	40.1	5.7	64	2.263
Garden strawberry-3%	40.4	5.75	67	2.741
Garden strawberry-5%	40.65	5.8	68	3.955
Raspberry-1%	40.35	5.73	66	2.451
Raspberry-3%	40.51	5.8	67	2.801
Red currant -1%	40.4	5.78	66	3.151
Red currant-3%	40.6	5.89	68	4.159
Red currant 5%	40.85	5.96	69	4.723

É de notar que o grupo das vitaminas também se alterou. Está representado no Quadro 4.

Tabela 4. Grupo vitamínico do pão destinado a 100 gramas de produto

Another sample	Vitamin B_1,%	Vitamin B_2,%	Vitamin PP,%	Vitamin C,%
Sample	0.33	0.14	2.3	0
Garden strawberry-1%	0.34	0.15	2.35	0.5
Garden strawberry-3%	0.35	0.156	2.36	1.25
Garden strawberry-5%	0.38	0.17	2.7	3.0
Raspberry-1%	0.34	0.143	2.30	0.25
Raspberry-3%	0.35	0.149	2.31	0.625
Red currant -1%	0.34	0.145	2.30	0.252
Red currant-3%	0.35	0.147	2.32	0.642
Red currant 5%	0.36	0.155	2.35	1.542

Verificamos que a quantidade de vitaminas do grupo B aumentou e o mais notável é que o pão também continha alguma quantidade de vitamina C, que não existe no pão normal. É de salientar que, para além dos suplementos, são adicionados ao pão alguns minerais como o magnésio, o flúor, o ferro e a fibra alimentar. De acordo com as informações do Instituto Alimentar RAMI, a quantidade diária destes componentes no corpo humano é a seguinte (Quadro 5)

Quadro 5. Propriedades funcionais do pão com suplementos

Dietary fiber	Daily requirement	Garden strawberry 5%	Raspberry 3%	Red currant 5%
Mg,%	400	124.9	127.5	123.1
P,%	1000	350.7	372.8	365.9
Fe,%	10-15	6.32	6.21	6.18
Dietary fiber,%	20-25	17.9	19.3	18.7

CONCLUSÕES

Como resultado da investigação teórica e experimental, chegámos às seguintes conclusões:

- A quantidade mais favorável de utilização das plantas investigadas é de 5% para o morango de jardim, 3% para a framboesa e 5% para a groselha vermelha,

- Foi registada uma melhoria dos índices de qualidade do pão no caso da utilização de suplementos,

- De acordo com os índices físicos e químicos, o novo produto satisfaz os requisitos normativos,

- Foi determinado que o pão contendo suplementos tinha valor funcional através da análise da solicitação de alguns componentes alimentares no corpo humano.

REFERÊNCIAS
[1]   . Pashchenko L. Tecnologia de produtos de panificação. Moscovo, Colossus, (2006) 390p.
[2]   . Karachkina S., Bereaina N. Tecnologia de inovação em padaria, pastelaria e massas. FGOU WPO "Universidade Estatal", Orel, (2011) 279p.
[3]   Matvaeva T. Physiological functional food ingredients for the bakery and confectionery production, orel. (2012) 947p.
[4]   GOST26984-86Pão "City". Características.

A ANÁLISE DE INVESTIGAÇÃO DA INFLUÊNCIA DE ISOLADOS DE PROTEÍNA DE SOJA NA QUALIDADE DO PÃO BRANCO

INTRODUÇÃO

Os produtos de pão são um dos principais alimentos e os empréstimos têm um lugar importante na dieta humana, especialmente no nosso país. O pão refere-se a um alimento cuja utilização tem impacto na atividade de vida de uma pessoa. O consumo diário de pão em vários países varia entre 150 e 500g por pessoa. No nosso país, o pão é tradicionalmente muito utilizado e a média é de cerca de 350 g por dia. O pão é uma fonte importante de proteínas vegetais valiosas e de aminoácidos essenciais [1]. As proteínas desempenham um papel importante na nutrição humana e nas funções fisiológicas. A composição de aminoácidos tem maior importância nos alimentos proteicos. Os 8 aminoácidos dos 20 presentes nas proteínas alimentares não podem ser sintetizados no corpo humano e têm de ser utilizados com as proteínas alimentares. Um dos aminoácidos mais essenciais é a lisina. A sua falta na dieta leva a perturbações no fluxo sanguíneo, reduzindo a quantidade de glóbulos vermelhos e o conteúdo de hemoglobina [2,3].

Entre as proteínas vegetais, as proteínas de soja ocupam a posição de líder. A proteína de soja é nutricionalmente fácil de digerir, de alto valor, razoavelmente equilibrada na composição de aminoácidos, que é a mais perfeita de todas as fontes de proteína vegetal. Tem o mesmo valor biológico que o leite, o peixe e a carne de vaca, mas, ao contrário destes produtos, não contém colesterol [3]. Como já foi dito sobre os benefícios do pão supremo e das proteínas, sugere que a principal tarefa de aumentar o valor deste importante produto proteico é aumentar o teor de proteínas no produto, incluindo na sua formulação matérias-primas e aditivos adicionais [7].

OBJECTIVOS E MÉTODOS

Durante a experiência foram examinadas as formas de pão sem adição de farinha de trigo, alto, primeiro e segundo tipos (amostras de controlo) e amostras de pão com 5,0%, 7,0% e 10,0% de proteína isolada de soja com o peso de substâncias secas de farinha, primeiro e segundo tipos. Durante o desenvolvimento da formulação do grão adicionámos a proteína e removemos a matéria seca que era equivalente à quantidade de farinha [1,3]. Para melhorar o valor nutricional do produto, a farinha de trigo alta foi substituída por farinha de trigo de primeiro e segundo tipos.

Durante os estudos foram utilizados os métodos normalizados de análise (parâmetros organolépticos e físico-químicos, composição em aminoácidos e factores de segurança).

SECÇÃO EXPERIMENTAL

Originalmente, (5,0-7,0%) a introdução de isolado de soja tem um efeito positivo na qualidade do pão. Isto pode ser explicado pela influência dos aditivos na massa.

O efeito do isolado é positivo na massa com a ajuda da sua formação de espuma. Com a ajuda da qual podemos obter uma massa análoga, uma vez que a massa exuberante permite obter um bom produto. Um aumento adicional da massa de isolados tem um efeito negativo na qualidade dos produtos acabados, uma vez que as moléculas de proteína absorvem toda a água livre da massa, resultando num pão espesso com côdea. Isto leva a uma diminuição da porosidade e traz parâmetros organolépticos do pão. [7]. Os parâmetros organolépticos específicos do pão com a utilização de várias quantidades de proteínas são apresentados no Quadro 1.

Tabela. 1. Amostras de controlo de pão com parâmetros organolépticos e amostras de pão com 5,0%, 7,0% e 10,0% de isolado proteico de soja

Index	Kind of bread	Control sample,%	Products prepared with isolate mass,%		
		0,0	5,0	7,0	10,0
Form	Bread made of wheat high flour	The rounded, corresponding to the shape of the bread, not vague.			
	Bread made of wheat first type flour				
	Bread made of wheat second type flour				
Surface	Bread made of wheat high flour	No with big cracks and explosions and slits.			With small cracks
	Bread made of wheat first type flour				
	Bread made of wheat second type flour				
Color	Bread made of wheat high flour	Light yellow color			Yellow
	Bread made of wheat first type flour	Yellow, with a golden patterns			Brown
	Bread made of wheat second type flour	Light brown with a golden patterns			Brown color

Condition of crumb	Bread made of wheat high flour	Baked, not wet in touch. Elastic, after light pressure crumb takes primordial form. Without lumps. Developed without voids and seals.			Baked, moist in touch. No with lumps, voids and seals.
	Bread made of wheat first type flour				Baked, but moist in touch, after light pressure not take its real form. Without lumps, with uniform porosity.
	Bread made of wheat second type flour				
Taste and odor	Bread made of wheat high flour	Characteristic of this type of product, without other taste and odor			With light specific taste and smell
	Bread made of wheat first type flour				
	Bread made of wheat second type flour				
Organoleptic appraisal, point	Bread made of wheat high flour	27,0	27,0	27,0	25,5
	Bread made of wheat first type flour	25,0	24,5	23,0	21,5
	Bread made of wheat second type flour	24,5	24,0	24,0	20,0

As características físico-químicas específicas dos tipos de pão estudados são apresentadas nos quadros[5].

Tabela 2. Amostras de controlo de pão com parâmetros físico-químicos e amostras de pão com 5,0%, 7,0% e 10,0% de isolado proteico de soja

	The content of soy protein isolate	Crumb porosity,%, not less		Crumb moisture,%, not more		The acidity of the crumb, hail, no more	
		Norma GOST-27842-88	Result	Norma GOST-27842-88	Result	Norma GOST-27842-88	Result

Bread made of wheat high flour	Control sample,0%	70,0	-	43,0	-	3,0	-
	The proportion of used isolates, 5%	-	70,0	-	44,0	-	3,0
	The proportion of used isolates, 7%	-	68,0	-	45,0	-	3,0
	The proportion of used isolates, 10%	-	64,0	-	47,0	-	3,0
Bread made of wheat first type flour	Control sample	65,0	-	44,0	-	3,0	-
	The proportion of used isolates, 5%	-	65,0	-	45,0	-	3,0
	The proportion of used isolates, 7%	-	64,0	-	46,0	-	3,0
	The proportion of used isolates, 10%	-	62,0	-	48,0	-	3,0
Bread made of wheat second type flour	Control sample	63,0	-	45,0	-	4,0	-
	The proportion of used isolates, 5%	-	62,0	-	46,0	-	4,0
	The proportion of used isolates, 7%	-	60,0	-	47,0	-	4,0
	The proportion of used isolates, 10%	-	56,0	-	50,0	-	4,0

O pão é uma das fontes mais importantes de proteína vegetal para o corpo humano. No quadro 3 é apresentado o teor de proteínas na amostra de controlo e na amostra de pão estudada.

Tabela 3. Teor de proteínas de diferentes tipos de pão

Index	Content,%	
	Without additives	The proportion of used isolates 7%
Bread made of wheat high flour	7,8	11,8
Bread made of wheat first type flour	8,1	12,1
Bread made of wheat second type flour	7,6	11,6

Estimando a tabela 3, podemos concluir que a adição de isolado tem um efeito positivo no valor proteico do pão.

A relevância do problema da segurança alimentar está a aumentar todos os anos, porque a segurança alimentar é um dos principais factores que determinam a saúde das pessoas. A segurança alimentar significa que devemos ter a certeza de que os alimentos que utilizamos não são prejudiciais para a saúde das pessoas[6]. Os resultados dos indicadores de segurança nas amostras de pão são apresentados na Tabela 4.

Quadro 4. Indicadores de segurança alimentar de diferentes tipos de pão/Proporção de isolados utilizados 7%

Index	Allowed quality be normative document /SanPin 2.3.2.1078-01/	Bread made of wheat high flour	Bread made of wheat first flour	Bread made of wheat second flour
Toxic substances, mg/kg, not more:				
Plumbum	0,35	0,05	0,06	0,06
Cadmium	0,07	isn't detected	isn't detected	isn't detected
Arsenic	0,15	0,14	0,14	0,14
Mercury	0,015	0,010	0,009	0,009
Toxins, mg/kg, not more:				
Aflatoxi B_1	0,005	0,005	0,005	0,005
Zearalenon	0,2	0,1	0,1	0,1
T-2 toxin	0,1	0,1	0,1	0,1
Desoxynivalenol	0,7	0,6	0,6	0,5
Pesticides, mg/kg, not more:				
Hexachlorocyclohexane /α,β,γ- isomer/	0,5	0,4	0,5	0,5
DDT and its metabolites	0,02	0,02	0,02	0,02
Radionuclide, activity Bk/kg, not more:				
Strontium-90	20,0	12,0	9,0	11,0
Caesium-137	40,0	2,8	2,5	2,6
QMAFAnM, KOE/g. not more	1.10^3	1.10^2	1.10^2	1.10^2
Coliform bacteria / 100g. 0,1	-	isn't detected	isn't detected	isn't detected
Pathogenic, that number salmonella, 25g.	-	isn't detected	isn't detected	isn't detected
Yeast, KOE/g. not more	50	10	isn't detected	isn't detected
Mould, KOE/g. not more	50	40	40	isn't detected

A frescura do pão é avaliada de acordo com um sistema de 5 pontos. No quadro 5, os indicadores do pão fresco são mais elevados do que os dos padrões de controlo. As amostras de pão de controlo perdem a sua frescura em 48 horas, enquanto as amostras de pão estudadas a perdem em 96-120 horas. Podemos mencionar que a utilização de 10% de isolado provoca um cheiro e sabor estranhos, o que piora o fator organolético do pão. [4]

Tabela 5. Alteração da frescura do pão de farinha de trigo de diferentes tipos e produtos preparados com 7% de isolado proteico de soja

Index / Keeping time, hours	Appraisal fresh, point						
	3	24	48	72	96	120	144
Bread made of wheat high flour	4,5	4,5	4,0	4,0	4,0	4,0	3,0
Bread made of wheat first type flour	4,5	4,5	4,5	4,0	4,0	3,5	3,0
Bread made of wheat second type flour	4,5	4,5	4,5	4,0	4,0	3,5	3,0

CONCLUSÃO

Para avaliar as alterações no valor nutricional das amostras de controlo com a introdução de pão, a sua formulação de proteína de soja, bem como a farinha de trigo de alta qualidade é alterada para 2nd sort farinha de trigo, calculámos o teor de proteínas nos produtos acabados.

Com base nos dados, pode afirmar-se que a introdução de uma quantidade óptima /7%/ de proteína na receita do pão tem um efeito positivo na sua qualidade e permite não só manter as nossas amostras de controlo de qualidade características da farinha de trigo de qualidade extra, mas também melhorá-las.

REFERÊNCIAS

[1]   . Kovalchuk V.P., Kochergina N.I. Diversificação de pães dietéticos. - Em Sat: tese. Resumos. All-Union Scientific. - Técnico. Conf. - Melhoria dos processos tecnológicos de novos tipos de alimentos e aditivos - K.:-A. 221p.

[2]   . Kazan L., Belyankina N., Shilkina E. Novos produtos de panificação dietéticos à base de soja// Pão, , № (10). (1997)pp. 18 ...19

[3]   . Kalashnikov S.V. Soja - matéria-prima promissora no pão // Trans. Food Technology, № (5,6) (2000) pp.11...12

[4]   . Erkinbayeva R., Kozyukina O., Shcherbakov I. Extended shelf-life bakery products, for bakery, (N11) (2006), 52 p.

[5]   . GOST 27842-88. Norma interestadual// Pão de farinha de trigo. - Especificações.

[6]   . Requisitos higiénicos para a qualidade e segurança das matérias-primas e produtos alimentares. (SanPin 2.3.2.1078-01.) - Moscovo: Editora da Empresa Estatal Federal Unitária "Inter SEN", publ LLC "Kontinenttorg. "(2002) 260p.

[7]   . Nazarenko E.A., Filippov N.B., Vorobyov N. N. Fortificantes de proteína de soja e qualidade do pão de trigo//Bakery and confectionery, № (11) (1981) pp.26... 27

PROLONGAMENTO DO TEMPO DE CONSERVAÇÃO DE ALGUNS TIPOS DE PÃO ATRAVÉS DA RADICAÇÃO

INTRODUÇÃO

Um dos principais indicadores da competitividade dos produtos de panificação em condições de economia de mercado é o seu prazo de validade sem deterioração dos parâmetros básicos de qualidade.

Para melhorar a qualidade do pão cozido, vários aditivos - melhoradores da qualidade da farinha, têm sido usados recentemente em todo o lado, no entanto a questão da aplicação justificada de melhoradores da qualidade do pão permanece em aberto [1], especialmente porque a sua aplicação frequentemente não resolve o problema do tempo de armazenamento. O grande sucesso é alcançado quando se aplicam novas tecnologias para a preparação da massa [2,3]. Para aumentar o prazo de validade, são utilizados principalmente vários métodos de exposição física, como o tratamento térmico e o tratamento com raios ionizantes (infravermelhos, ultravioleta, etc.) [4,5].

Mostrámos anteriormente que a irradiação do pão com raios gama levou à proteção do pão contra o bolor, aumentando assim a duração do seu armazenamento [4,9].

O objetivo do presente trabalho é desenvolver um método de tratamento do pão embalado - produto mais sujeito a deterioração microbiológica (bolor) devido ao elevado teor de humidade. Pretendemos desenvolver o método, que proporcionará segurança química e microbiológica, garantido o armazenamento por longos períodos.

OBJECTOS E MÉTODOS

O estudo envolveu amostras de pão de forma de farinha de trigo extra, de primeira e de segunda qualidade. Para a embalagem do pão foi escolhida uma película de plástico devido às suas elevadas propriedades físico-químicas e à sua resistência às doses de radiação utilizadas ($Dy = 0$-$10,0$ kGy), que se encontram dentro dos limites das normas internacionais recomendadas Codex Stan 1883 REV - 2005 [10]. O tratamento das amostras do produto investigado foi efectuado no Instituto de Investigação Física NAS RA na instalação do isótopo^{60} CO K-120 000 com uma energia de 1,25 MeV e uma potência de 1,0 Gy/seg. A energia do Instituto também estava dentro dos limites recomendados pelas normas internacionais do CAC RCP 191979. As pesquisas foram realizadas por métodos padrão de análise organoléptica, físico-química e microbiológica. Os primeiros sinais de mofo e doenças da batata foram definidos visualmente e pela técnica de semeadura [6].

SECÇÃO EXPERIMENTAL

Amostras de pão de forma de farinha de trigo extra, de primeira e de segunda categoria, embaladas em película de plástico com 15 cm de espessura, foram tratadas na instalação isotópica[60] CO com raios gama Dy = 0,55,0 kGy; as amostras de pão de controlo não foram irradiadas (Dy = 0kGy). Após o tratamento, a totalidade do pão (amostras de controlo e tratadas) foi armazenada em condições de temperatura e humidade não controladas (20-25° C e humidade relativa 60-75%) para identificação do seu prazo de validade. A frequência e o programa de investigação foram conduzidos de acordo com a MU 4.2.727-2002[8].

Antes da armazenagem e no final da exposição, para além dos estudos organolépticos, físico-químicos e microbiológicos do pão, foi também determinada a composição em aminoácidos.

O estudo dos parâmetros físico-químicos das amostras de pão investigadas antes do tratamento com raios gama (amostras de controlo) e imediatamente após o tratamento revelou a sua conformidade com a norma estabelecida /7/. Os resultados da investigação são apresentados no quadro 1

Tabela 1. Parâmetros físico-químicos do pão formado com farinha de trigo de diferentes qualidades

Quality	Dose of irradiation kGy	Porosity, not less than %		Humidity, %		Acidity, %	
		Norm AST31-94	Result	Norm AST31-94	Result	Norm AST31-94	Result
Second	Bread	63.0		40.0-48.0		3.0-5.0	
	0.0 (control)		63.0		44.2		2.8
	1.0		63.0		44.2		2.8
	2.0		65.0		44.2		2.8
	3.0		63.0		44.2		2.8
	6.0		63.0		44.2		2.8
	10.0		63.0		44.0		2.8
First	Bread	65.0		40.0-47.0		3.0-4.0	
	0.0 / control/		65.0		42.3		2.3
	1.0		65.0		42.3		2.3
	2.0		65.0		42.3		2.3
	3.0		65.0		42.3		2.3
	6.0		65.0		42.3		2.3
	10.0		65.0		42.5		2.9
Extra	Bread	68.0		39.0-46.0		3.0-4.0	
	0.0 (control samples)		68.0		43.8		2.8
	1.0		68.0		43.8		2.8
	2.0		68.0		43.8		2.8
	3.0		68.0		43.8		2.8
	6.0		68.0		43.8		2.8
	10.0		68.0		44.3		2.9

Como se pode ver na Tab. 1, o tratamento com raios gama não afectou os parâmetros físico-químicos do pão. A alteração dos parâmetros organolépticos do pão ocorreu durante a sua armazenagem, em paralelo com o seu envelhecimento. Após a armazenagem, as amostras de pão tratadas perderam a sua frescura a ritmos diferentes.

A frescura do pão foi avaliada pelo sistema aceite de 5 pontos. Os dados do quadro 2 provam que os parâmetros de frescura do pão eram mais elevados do que os das amostras de controlo. As amostras de controlo (Dy = 0,0 kGy) perderam a frescura em 48 horas, enquanto as amostras tratadas com raios gama (Dy = 3,0-5,0 kGy) perderam a frescura em 96-120 horas. É necessário notar que doses elevadas de irradiação, por exemplo, Dy = 10 e Dy = 20 kGy, levaram ao aparecimento de odores e sabores estranhos: azedo a Dy = 10 kGy e a peixe a Dy = 20 kGy, o que piorou acentuadamente os parâmetros organolépticos do pão.

Quadro 2: Alteração da frescura do pão de farinha de trigo de qualidade extra durante a armazenagem

Dose of irradiation kGy / Storage time, hrs	Freshness score							
	3	24	48	72	96	120	144	168
0	5.0	4.0	3.0	2.5	2.0	1.0	1.0/0/	1.0/0/
1.0	5.0	4.5	4.5	4.2	4.0	1.0	2.0	1.0
3.0	5.0	4.5	4.5	4.5	4.2	4.0	2.5	1.0
5.0	5.0	4.0	4.5	4.2	4.0	4.0	2.5	1.0
10.0	3.0	3.0	3.0	3.0	1.0	3.0	2.0	1.0
20.0	2.0	2.0	2.0	2.0	2.0	2.0	2.0	1.0

A determinação dos parâmetros físico-químicos das amostras de pão de controlo e tratadas durante a armazenagem revelou que a porosidade era o principal parâmetro, sujeito a uma alteração. O quadro 3 apresenta dados sobre a dinâmica da alteração da porosidade em pão de forma de farinha de trigo de qualidade extra.

Tabela 3. Efeito do tempo de armazenamento do pão de farinha de trigo de qualidade extra tratado com raios gama na sua porosidade

Dose of irradiation kGy / Storage time hrs	Point, %							
	3	24	48	72	96	120	144	168
0	68.0	64.0	62.0	61.0	56.0	55.0	53.0	52.0
1.5	68.0	65.0	62.0	64.0	64.0	62.0	61.5	61.5
5.0	68.0	66.0	63.5	64.0	63.0	62.0	62.5	62.5
10.0	68.0	66.0	65.0	65.5	62.0	61.5	61.0	60.5
15.0	67.0	65.0	65.0	65.0	61.0	60.0	60.0	59.5

No decurso da investigação, as alterações nos parâmetros microbiológicos da qualidade do pão foram estudadas em dinâmica, de acordo com[6]. As amostras de pão foram verificadas visualmente quanto ao aparecimento dos primeiros sinais de bolor e doença da batata. O crescimento visível de colónias de fungos de bolor foi observado nas amostras de controlo logo no dia 4th , enquanto algumas amostras tratadas permaneceram exteriormente limpas mesmo após 4 meses.

Para estabelecer a disponibilidade ou ausência de alterações radicais em amostras de pão tratadas com raios gama, foram determinadas a composição de aminoácidos e a quantidade de compostos azotados nas amostras de pão estudadas antes da radurização (Dy = 0,0 kGy), depois (Dy = 1,0 - 5,0 kGy) e no decurso do armazenamento (nos dias 1st , 8th e 30th).

Verificou-se que as substâncias proteicas do pão quando tratadas com Dy = 1,0 - 3,0 kGy praticamente não sofreram alterações, e quando tratadas com Dy = 10,0 kGy a perda de substâncias proteicas foi significativa e cerca de 1,6 % em relação ao primeiro dia.

A Fig. 1 mostra a composição de aminoácidos das amostras de pão investigadas.

Como se depreende da Fig.1, as amostras de pão de farinha de trigo de qualidade extra continham aminoácidos não essenciais e essenciais: o triptofano, dos aminoácidos essenciais, e a cisteína, dos aminoácidos não essenciais, estavam em falta na composição destas amostras.

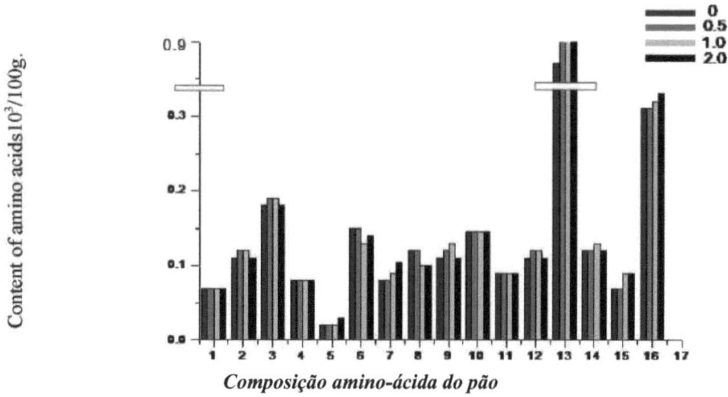

Fig. 1. 1-Treonina, 2-valina, 3-leucina, 4-lisina, 5-metionina, 6-fenil-alanina, 7-izoleucina, 8-alanina, 9-argenina, 10-ácido aspártico, 11-histidina, 12-glicina, 13-ácido glutâmico, 14-serina, 15-tirosina, 16-prolamina

Como se pode ver na Fig. 1, a radurização do pão não conduziu a alterações significativas na composição de aminoácidos do pão. A exceção foi o ácido glutâmico, cujo conteúdo diminuiu em comparação com as amostras de controlo a Dy = 10,0 kGy.

CONCLUSÕES

Os dados experimentais apresentados provam que a irradiação com raios gama na dose de Dy = 3,0 - 5,0 kGy é óptima para o tratamento de pão de diferentes graus de farinha de trigo e aumenta 9-10 vezes o tempo de armazenamento em comparação com amostras não tratadas, não piorando os parâmetros organolépticos e físico-químicos, nem levando à alteração das propriedades nutritivas.

REFERÊNCIAS
[1] . Nechaev A.F. Melhoradores de panificação, quando e para quê . Alimentos para panificação. No.(9), (2006), pp.2
[2] . Erkinbaeva R., Kozyukina O., Sherbakova I. Aumento do prazo de validade dos produtos de panificação. Bakery foods, No. (11), (2002) 52 p.
[3] . Nilova L., Naumenko N. Ativação da água como forma de aumentar a segurança

microbiológica dos produtos de panificação // Bakery foods, No. (5) (2007), 54p.

[4]   . Snapyan G.G., Sahradyan S.I., et al. Aplicação de radurização para armazenamento de pão e fruta com humidade intermédia // Armazenamento e processamento de matérias-primas agrícolas. No. (1), (1996) 11 p.

[5]   . Polandova R.D., Kventniy F.M. Methodical guide on manufacture of bakery products with enlarged shelf life. M. GOSNIIChM, (2002) p. 49

[6]   . GOST26972-86Métodos de análise microbiológica //M., 1986

[7]   . AST31-94- 32: Pão de farinha de trigo. Características gerais

[8]   . MU 4.2.727-99 Estimativa higiénica do tempo útil dos géneros alimentícios, 1999

[9]   . Sahradyan S., Voskanyan V., "Method for bread decontamination" // Certificado do autor n.º (2488) A (em arménio).

[10]   . Norma geral do Codex para alimentos irradiados, secção 7.1, Codex Stan/ 06-1983, REW.- (2005).

ESTUDO DA INFLUÊNCIA DA IRRADIAÇÃO GAMA NA ESTABILIZAÇÃO DA QUALIDADE E SEGURANÇA DE ALGUNS PRODUTOS ALIMENTARES

INTRODUÇÃO

Atualmente, as tecnologias de radiação eléctrica estão a generalizar-se como um meio eficaz de prolongar o prazo de validade e a segurança toxicológica dos alimentos consumidos [1]. Ao contrário da tecnologia tradicional de armazenamento de produtos, que exige grandes despesas de trabalho manual e eletricidade, o tratamento por radiação é um dos mais eficazes e, em alguns casos, para produtos individuais, e a única forma de transformação de produtos agrícolas e géneros alimentícios.

Os produtos alimentares radiativos são utilizados em 40 países por mais de 80 nomes. O tratamento por radiação, a desinfeção, o controlo de pragas e a radurização de alimentos são realizados tendo em conta as normas de organizações especializadas da ONU: FAO/OMS IAEA, em particular, o Código de normas básicas para alimentos governamentais radiativos codex stan/106-1983 e o código internacional de práticas recomendadas para o trabalho em unidades de radiação, utilizado para o tratamento de alimentos CAC/RCP 19-1979. De acordo com estes regulamentos, o processamento de alimentos com raios gama é permitido desde que a dose média de absorção de energia seja inferior a 10 kGy [2].

No entanto, muitos problemas que surgem durante o processamento de produtos alimentares, tais como a preservação do valor nutricional - a estabilidade dos grupos básicos de alimentos (proteínas, lípidos, água, etc.), para garantir a sua segurança faz com que a questão data e o assunto de muitos estudos científicos. O objetivo deste trabalho é um estudo exaustivo dos problemas teóricos e práticos de qualidade, conservação e segurança alimentar a partir dos raios gama e o alargamento da lista de géneros alimentícios radiativos de (no mundo), novos tipos de certos produtos perecíveis, tais como salsichas cozidas, salsichas e enchidos, frutos e legumes secos, vinho e matérias vínicas, bem como para o "tratamento" de doentes com vinho e matérias vínicas.

OBJECTOS E MÉTODOS

O tratamento das amostras alimentares estudadas foi efectuado numa única instalação da radiação do Cáucaso $60Co$ da marca K-120 000 com uma energia de 1,25 MeV RA NAS Institute for Physical Research. Todos os objectos de investigação foram, em regra, processados numa embalagem hermeticamente fechada. Os estudos utilizaram a análise organoléptica (critérios de avaliação de indicadores organolépticos sistema de pontos desenvolvido por nós), física, físico-química, química e microbiológica de métodos convencionais[3]. Todos juntos investigaram para selecionar materiais de embalagem de 6 tipos de películas de polímero, dois tipos de salsichas e salsichas cozidas, salsichas de produção local, 22 espécies de frutas frescas e secas (humidade intermédia) e 2 tipos de legumes (tomate e beringela), pão de forma superior, I-st e II-nd graus, 8 tipos de vinhos ordinários e vintage e produtos de vinho. As amostras de controlo eram produtos semelhantes, com a mesma data de produção e numa embalagem semelhante. As amostras de produtos de controlo e tratadas com raios gama foram deixadas no armazém para determinar os períodos de retenção. Frequência e programa de investigação realizados no âmbito do MOU 4.2.727-99.

SECÇÃO EXPERIMENTAL

Resultados e sua discussão - Acondicionados em polietilenpoliamidal (75 microns) ou em filme de polietileno (PE 30-35 microns) amostras cozinhadas (espécies doutorais e amadoras e salsichas) as salsichas foram tratadas com raios gama na dose de 0-8,0 kGy e identificadas pelos seus indicadores organolépticos (aspeto, cor, sabor, cheiro) e físico-químicos (humidade, nitritos, índice de peróxidos (Figura 1) e índice de acidez. De acordo com a investigação, verificou-se que, em função da dose de radiação gama, a qualidade dos produtos de salsicharia muda. Por exemplo, as amostras tratadas com Dv 0,05: 4,5 kGy nos parâmetros organolépticos e físico-químicos a uma dose de irradiação Dv não diferem das amostras de controlo e correspondem a GOST 23070-79 e, no caso da dose de irradiação Dv=5,0÷8,0 kGy, alteram o seu aspeto: as salsichas cozidas tornam-se verde-azuladas e as salsichas - verde-acinzentadas, aparecem com um odor e um sabor pouco percetíveis, pior com doses mais elevadas.

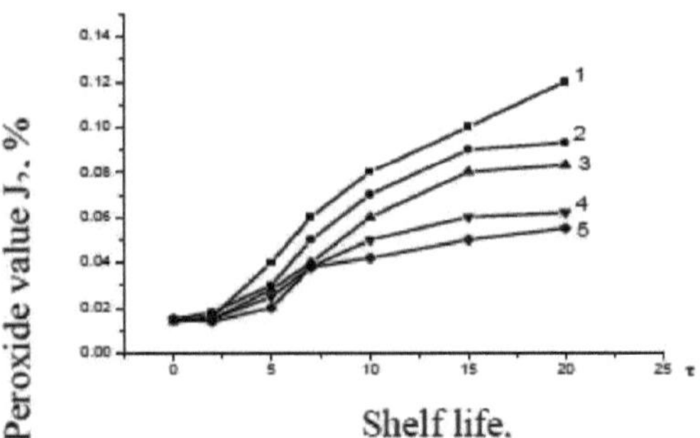

Fig. 1. Dependência das amostras de salsichas cozidas "amadoras" processadas por raios gama da dose de radiação e do tempo de armazenamento:

1- controlo; 2-1,5 kGy; 3- 2,0 kGy; t = 5-6°C, (p = 75-80%.
4 - controlo; 5-1,5 kGy; 6-2,0 kGy; t = 18-20°C, (p = 75-80%.

A Fig. 1 mostra que as amostras de salsichas cozidas "Amateur" com tratamento gama (Dv 4,0÷5,0 kGy) são cerca de 2 vezes inferiores às amostras de controlo.

Como resultado de uma investigação exaustiva dos processos físico-químicos que ocorrem durante o tratamento de salsichas por radiação, os regimes de tratamento foram optimizados para garantir a segurança toxicológica e microbiológica e a estabilidade de certas substâncias alimentares (aminoácidos, lípidos e água) do produto irradiado. Este último permitiu escolher a dose óptima de tratamento, nomeadamente:

Dr=1,5-2,0 kGy para as salsichas, IL 2,0-4,0 kGy para as salsichas cozinhadas e desenvolver um método de radurização que permita fixar o prazo de validade destes produtos em 8-9 dias em vez de 48 horas. A utilização concomitante de radurização (Dv=2,0--4,0 kGy) e arrefecimento (5-6°C) permite aumentar o prazo de validade até 10 dias.

No caso dos frutos secos e dos vegetais de humidade intermédia (35-40%, Aw=0,65-0,85), o produto também está relacionado com um grupo de perecíveis, as doses óptimas de tratamento foram a dose Dy 4,0-5,0 kGy, que permite manter as propriedades organolépticas (cor, sabor, textura) e físico-químicas (humidade, acidez e teor de açúcar, etc.) do produto durante o armazenamento.

Os estudos microbiológicos mostraram que as amostras tratadas, em contraste com o controlo, diminuem rapidamente o TBC (tempo 100-150), o que permite oferecer o método e implementar o tratamento de frutas e legumes com uma humidade intermédia (35-40%), a fim de aumentar o prazo de validade sem a utilização de conservantes. É de notar que o tratamento por radiação dos frutos secos e dos legumes secos não só garante a qualidade do produto e a segurança microbiológica durante o armazenamento a longo prazo a uma temperatura e humidade ambiente não reguladas, como também melhora consideravelmente a sua apresentação, excluindo ainda a utilização do estabilizador conservante de cor (so2), habitualmente utilizado na tecnologia de preparação de frutos secos e legumes.

Outro objeto da nossa investigação foram diferentes tipos de pão - o mais elevado, o de primeira e o de segunda categoria. O pão devido ao elevado teor de humidade (38-45%) também se refere a produtos perecíveis, uma vez que os processos físicos, químicos e biológicos que ocorrem durante o armazenamento degradam drasticamente a qualidade e influenciam a sua retenção [8]. Amostras de diferentes tipos de pão embaladas em película de polietileno ou celofane foram tratadas com diferentes doses de raios gama. Estudos demonstraram que o tratamento de vários tipos de pão numa dose de IL 0,5-3,0 kGy praticamente não tem efeito sobre os indicadores físicos e químicos das amostras (humidade, acidez e porosidade) e sobre o valor nutricional: poupa o teor total de proteínas (as perdas são muito pequenas e perfazem 0- 0,11%), e a composição de aminoácidos (o teor de 16 aminoácidos essenciais e não essenciais) praticamente não se altera, exceto para um teor maior (8-10%) de ácido glutâmico. Estudos complexos descobriram que, para armazenar o pão de diferentes variedades, dependendo da finalidade do armazenamento, a dose de radiação ideal Dr=1,0-3,0 kGy, aumenta o prazo de validade em 3-4 vezes, o que, sem dúvida, é de grande importância prática, especialmente para as pessoas nas condições extremas de grãos.

Os nossos estudos mostraram que o tratamento com raios ionizantes é um método eficaz para o tratamento de vinhos e produtos vitivinícolas "doentes". Um estudo exaustivo do efeito de diferentes doses de radiação gama (Dx=0-6,0kGy) mostrou que nas amostras de vinho tratadas (Dx=4,0kGy), independentemente do tipo (tinto, branco, firme e seco), a estabilidade aumentou duas vezes e, portanto, não diminui o seu valor pecuário, não altera os parâmetros organolépticos (transparência, cor, aroma, sabor, tipicidade) e físico-químicos (teor de etanol, acidez partilhada e ativa, ácidos voláteis, composição de aminoácidos (Fig. 2), etc.), bem como a composição em macro-oligoelementos (K, Na, Mg, Fe, Cu, Zn). Como se pode ver na figura 2, a radiação ionizante não influencia a composição de aminoácidos e não reduz o valor nutricional dos vinhos proteicos do que o tratamento do vinho por outros métodos.

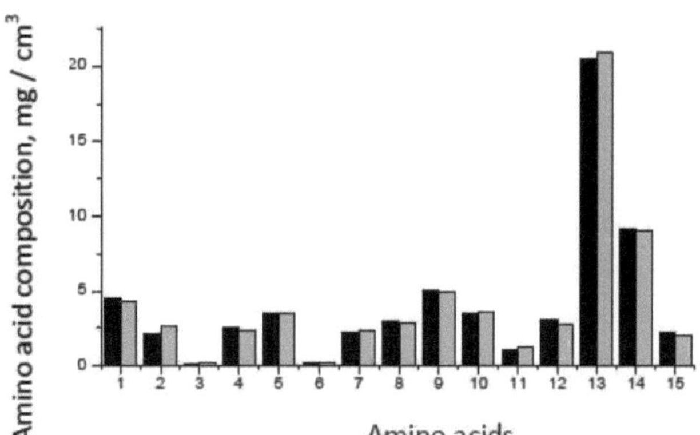

Figura 2. Composição em aminoácidos dos vinhos. (controlo' escuro e 4,0 kGy)

1 - valina, 2- tirosina, 3- triptofano, 4-leucina, 5-lisina, 6-metionina, 7-fenilalanina,
8-isoleucina, 9-arginina, 10-ácido aspártico, 11-histidina, 12-glicina, 13-ácido glutâmico, 14-prolina,
15-cisteína

O tratamento de vinhos e produtos vitivinícolas "doentes" com raios gama a uma dose de 5,0 kGy elimina a instabilidade microbiológica através de um declínio acentuado (em 2 ordens de grandeza) do teor de ácido acético e de bactérias lácticas. Como resultado deste tratamento, o vinho "impróprio" e os materiais vínicos são adequados e podem ser utilizados numa mistura de vinhos a . É de notar que o teor de elementos tóxicos (Pb, Cd, Hg, As, Cu, Zn e Mo) foi determinado em todas as amostras tratadas e de controlo de todos os tipos de produtos. Verifica-se que, em todos os casos, como seria de esperar, o teor destes elementos é praticamente inalterado pela exposição à irradiação gama e permanece muito abaixo das normas aceitáveis. Do mesmo modo, as amostras de controlo e tratadas de todos os tipos de produtos estudados não diferem quanto ao teor de radionuclídeos ($_{137}$Cs e $_{90}$Sr) normalizado por [3].

CONCLUSÕES

1. Estudo exaustivo para desenvolver um método de radurização de alimentos perecíveis com elevado teor de água (Aw 0,65÷0,95), tais como enchidos cozidos, frutos-vegetais de produção de humidade intermédia (Aw=0,65÷0,85) e diferentes variedades de pão de trigo.

2. As condições óptimas para a radiação gama, que permitem preservar os parâmetros organolépticos, físico-químicos e microbiológicos e o valor nutricional das amostras tratadas com rádio, aumentando simultaneamente o seu prazo de validade.

3. Eficiência de processamento de rádio mostrada para aumentar a estabilidade dos vinhos e "tratar" o material vinícola dos pacientes.

4. Desenvolvemos métodos de processamento de alimentos que são possíveis de implementar à escala industrial, tendo em vista a eficiência e a economia.

REFERÊNCIAS

[1] . Bazalaev, N., Klepnikov, V. e Litvinenko, V. Electrophysical radiation technology, KharkivDisponível em: http://www.Foodcomm.org.Uk(1998) 206p.
[2] . Norma geral do Codex para alimentos irradiados, secção (7.1) Codex Stan, (06-1983).
[3] . Normas e regulamentos sanitário-epidemiológicos. "Requisitos de segurança higiénica e valor nutritivo dos produtos alimentares", N2, III-4.9-01-2003 (RF 2.3.2.1078-01).

DESENVOLVIMENTO E RECEPÇÃO DA MISTURA FUNCIONAL COM BASE EM MATÉRIAS-PRIMAS VEGETAIS

INTRODUÇÃO

Recentemente, para o fabrico de alimentos funcionais, surgiu um grande interesse pela utilização de matérias-primas medicinais técnicas que crescem nas regiões de investigação. A matéria-prima medicinal de crescimento selvagem é rica em várias substâncias biologicamente activas. O termo "substâncias biologicamente activas" diz respeito a ligações naturais que são desenvolvidas pelas plantas e que possuem acções específicas para viver um organismo definindo o efeito terapêutico básico. As substâncias biologicamente activas das plantas medicinais dizem respeito, por exemplo, a taninos, fibras alimentares, vitaminas, ácidos orgânicos, etc.[1,3]

A ação farmacológica das ervas é causada pelo conteúdo de um complexo de substâncias activas biológicas. As ervas naturais bioquímicas são mais úteis do que os aditivos alimentares de origem sintética. Actuam no organismo da pessoa de forma mais suave, a sua atividade fisiológica é mais ampla, pelo que provocam menos acções colaterais [3].

No fabrico de produtos alimentares podemos utilizar não só um rendimento medicinal, mas também a sua recolha. Desenvolvemos a recolha de produtos medicinais em cuja estrutura entram o espinheiro, a nêspera e o arando. Estes têm propriedades medicinais e dietéticas valiosas [1,4].

O uso do espinheiro ajuda as pessoas que têm distúrbios funcionais do coração, doenças hipertónicas, taquicardia, aterosclerose, neurose. Também melhora a circulação do sangue e reduz o colesterol no sangue [5].

A nêspera é considerada um bom hemostático, por isso ajuda nas doenças gastroentéricas, melhora a digestão e fortalece os intestinos. O rendimento e as sementes são utilizados em doenças gastroentéricas flogísticas, em diarreias sanguinolentas. O arando possui as mesmas propriedades funcionais valiosas.

A reunião dos multicomponentes do rendimento medicinal aumenta a estabilidade a pequenas doses de radiação, reduz o conteúdo de radionuclídeos no organismo de uma pessoa [5].

OBJECTOS E MÉTODOS

O objetivo deste trabalho é o desenvolvimento da receção de pó a partir de rendimentos integrais secos de espinheiro, nêspera e arando.

O pó de matéria-prima de frutos é preparado da seguinte forma: Frutos integrais secos de espinheiro, nêspera e arandos numa paridade igual/lOOg./ triturados 30-40 microns até ao tamanho de partículas e peneirados com o crivo de N43. Assim, obtém-se um pó fino com um teor de substâncias secas de 96-98%:

SECÇÃO EXPERIMENTAL

A definição de um composto químico de pós destes rendimentos foi efectuada com chumbo e o seu conteúdo foi comparado com a procura da pessoa por determinadas substâncias alimentares.

Quadro 1. Estrutura bioquímica dos pós preparados a partir de colheitas secas de espinheiro, nêspera e arando. (100g.)

Parameters	Hawthorn	Medlar	Cranberries
The mass fraction of sugars, %	12,1	17,3	5,1
Reducing saccharose	11,15	-	-
The mass fraction of organic acids,%	1,2	0,9	2,00
The mass fraction cellulose,%	30,22	0,9	2,44
The mass fraction of pectic substances, %	12,2	-	2,31
Water-soluble	3,6	-	-
Water-insoluble	8,6	-	-
Vegetative fats,%	4,9	0,6	-
Fiber,%	4,5	0,7	0,91
P-active substances, mg./100g.	298,7	-	-
Catechinam	40,0	-	612,4
Antocian	33,7	-	1759,0
flavonol	22,5	-	705,1
Carotin, mg./100g.	4,03	775,0	0,07
Vitamins, mg./100g.			
Vitamin B_1	0,016	0,02	0,02
Vitamin B_2	0,091	0,04	0,02
Vitamin B_5	-	0,02	-
Vitamin K	-	-	0,97
Vitamin C	21,6	10,0	49,0
Vitamin E	5,49	-	-
Vitamin PP	-	-	0,33
Folic acid	-	-	0,52
Macrocells, mg./100g.			
Potassium	75,9	348,0	18,0
Calcium	765,5	30,0	-
Magnesium	86,1	-	-
Phosphorus	190,0	36,0	44,8
Mangan	-	-	2,19
Sodium	-	4,0	-
Microcells mg./100g.			

Gland	-	8,0	-
Cobalt	0,08	-	-
Copper	0,42	-	-
Zinc	0,64	-	-
Manganese	0,35	-	-

Os dados modernos sobre as necessidades de uma pessoa adulta para substâncias alimentares separadas, um composto químico e recolha de rendimentos medicinais /100g./ são apresentados na tabela 2. Nela estão as vitaminas, micro e macrocélulas que são necessárias para a criação dos próprios sistemas hormonais e fermentais de um organismo e para a atividade da pessoa.

Tabela 2. Procura de várias substâncias alimentares por uma pessoa e estrutura dos rendimentos da recolha

Food substances	Daily demand of the person	Structure of gathering of fruits (2:2:1)
Sugar, g.	50-100	32,0
Organic acids, g.	2,0	0,124
Ballast substance, (cellulose, pectin), g.	25,0	22,25
Vegetative fats, g.	20-30	2,2
Vitamins, mg.		
Vitamin B_1	1,1-2,0	0,072
Vitamin B_2	1,3-2,4	0,267
Vitamin B_5		0,4
Vitamin C	70-80	112,0
Vitamin PP	15-20	0,33
Vitamin K	0,2-0,3	0,97
Vitamin E	8-10	10,98
Folic acid	0,2	10,0
Mineral substance, mg.		
Potassium	2500-5000	865,8
Calcium	800-1000	890,4
Magnesium	400-450	172,2
Phosphorus	1200-1500	496,8

Sodium	4000-6000	8,0
Gland	10,0-18,0	16,0
Cobalt	0,1-0,2	0,16
Copper	2,0	0,84
Zinc	10,0-15,0	1,28
Manganese	5,0-10,0	0,7

A necessidade de um organismo de uma pessoa de vitaminas separadas não pode ser considerada constante. Depende muito da alimentação.

Na estrutura de colheita de espinheiro, nêspera e arando obtemos a seguinte paridade 2:2:1. Cálculos apropriados mostraram que esta paridade de componentes é a demanda mais próxima de substâncias necessárias de um organismo de uma pessoa.

Ao criar um novo género alimentício ou um componente, a segurança dos parâmetros de qualidade é muito importante. Ao avaliar a segurança dos pós, determinou-se que o teor de elementos tóxicos (Pb, Cd, Hg, As), pesticidas (DDT e seus metabolitos, QMAFAnM) é significativamente inferior aos limites das normas higiénicas admissíveis para SanPin 2.3.2.1078-01 e que não existe cianoglicolização de amicdalina[6].

Os parâmetros microbiológicos, físicos, químicos e organolépticos estabeleceram que a retenção dos pós - 10 meses em armazém condicionado é certa à temperatura de 1820^0 C e humidade relativa do ar de 65-70 %.

CONCLUSÕES

A recolha de frutos medicinais pode ser facilmente utilizada no fabrico de alimentos funcionais, especialmente no fabrico de pão e produtos de panificação, uma vez que estes produtos são necessários e estão disponíveis na população de qualquer categoria.

São realizadas investigações orientadas para a resolução de um problema económico importante - a manutenção da população com a produção de alimentos de largo espetro, a melhoria da qualidade, o aumento do valor alimentar destinado a uma alimentação preventiva. A base de matérias-primas da indústria de panificação, pastelaria e restauração pública é significativamente alargada devido à utilização de matérias-primas vegetais não convencionais.

REFERÊNCIAS

[1]   . Frutos silvestres - perspetiva de matéria-prima para extração de substâncias biologicamente activas / Ampere-segundo. A. S. Gaboevo, J.Tamova's , M. Shanova. Escolas secundárias. Tecnologia de alimentos. №(5/6). (2007)pp.21-23
[2]   . A.S. Kabaloevo. Influência de aditivos biologicamente activos de uma fitogénese no valor alimentar de produtos de panificação /Ampere-segundo. A.S. Gaboevo, e M. Mucojev. Regulação do processo de produção de plantas agrícolas: Os materiais da conferência científica. - A Águia. (2006). pp. 367-370

[3]   . A.S. Kabaloevo. Sobre a possibilidade de utilização de frutos de um espinheiro silvestre no fabrico de produtos de finalidade funcional /Ampere-second. A.S. Kabaloevo, Ampere-segundo. A.S. Gaboevo. Ecologia e vida: materiais VIII conferência científica internacional. - Penza,(2005)pp. 87-88.
[4]   . Alimentos funcionais - A base da saúde da população / Ampere-second. A.S. Gaboevo Z.S.Dumanisheva, Ampere-second. A.S. Kabaloevo //Processos inovadores em curso na área da restauração pública: Conferência científica inter-regional de materiais. - Krasnoyarsk, (2011) pp.10-13
[5]   . T.W. Matvaeva, S. Koryachkina. Ingredientes alimentares funcionais fisiológicos para a produção de panificação e confeitaria - Orel, (2012) 947p.
[6]   . SanPin 2.3.2.1078-01. "Requisitos de segurança sanitária e valor alimentar "N2.111-4.9-01-2003.

INFLUÊNCIA DO PÓ DE ESPINHEIRO NA QUALIDADE E NO VALOR NUTRICIONAL DOS PRODUTOS DE CONFEITARIA À BASE DE FARINHA

INTRODUÇÃO

De acordo com os princípios básicos do enriquecimento de alimentos com nutrientes essenciais, em primeiro lugar, é necessário enriquecer produtos de consumo em massa. Neste sentido, escolhemos a confeitaria de farinha para o enriquecimento. O lugar crescente na estrutura da alimentação da população, pertence falta de componentes alimentares insubstituíveis (vitaminas, fibras alimentares, etc.) ao mesmo tempo alto teor calórico [1]. Tudo isto sublinha a necessidade de correção essencial da composição química da farinha de confeitaria. A utilização para o seu enriquecimento de frutos silvestres e produtos da sua transformação, como possíveis fontes de vitaminas, substâncias bioflavonóides, macro e microcélulas, pode ser uma das formas eficazes e expeditas de aumentar o valor nutricional dos produtos. A escolha dos frutos de espinheiro como matérias-primas para o enriquecimento de produtos deve-se ao seu elevado teor de agentes biologicamente activos, à sua grande fonte de matérias-primas, à sua pureza ecológica, à sua disponibilidade e ao seu baixo custo [2,3].

OBJECTOS E MÉTODOS

As amostras de cupcake dos produtos "Tradicional" e "Noz" serviram neste trabalho como objeto de investigação [4]. As investigações foram efectuadas de acordo com os requisitos da norma GOST 15052-96 [5] nos laboratórios químicos e tecnológicos da cadeira de processamento de matérias-primas vegetais da NAUA e do "Laboratório de pão" LLC.

Como os frutos e bagas frescos são um produto sazonal, para o enriquecimento de produtos utilizam-se produtos semi-acabados em pó que são mais convenientes para aplicação em comparação com outros tipos de géneros alimentícios, possuem um elevado valor nutricional, estabilidade bioquímica no armazenamento, devido à baixa humidade [1,3].

SECÇÃO EXPERIMENTAL

Durante a experiência foram investigadas opções de controlo de cada tipo de bolo sem aditivo e amostras de bolos com introdução de 5%, 10%, 15% e 20% de pó de espinheiro na massa de sólidos de uma farinha, devido à baixa humidade [1,3]. A massa para cupcakes com pó foi cozinhada da seguinte forma: no carro de amassar, a grande velocidade das lâminas, bate-se a manteiga durante 8-10 minutos, depois adiciona-se o açúcar e bate-se durante mais 6-8 minutos. Em seguida, adiciona-se gradualmente a mistura de pó com melange. Ao peso reduzido juntam-se outras matérias-primas numa composição. Mistura-se todo o peso cuidadosamente e depois adiciona-se a farinha e continua-se a bater durante 10-15 minutos [1]. A massa pronta é colocada em formas previamente untadas com óleo e cozida durante 20-35 minutos a 200-210^0 C [4].

Os resultados das análises efectuadas são apresentados nos quadros correspondentes.

Tabela 1. Indicadores organolépticos de qualidade do cupcake sem aditivo e com introdução de pó de espinheiro

Index	Type of a product	Control samples	Products with powder use in quantity to the mass of a flour, %			
			5,0	10,0	15,0	20,0
Appearance Form	Traditional	Correct, corresponding to this name Products				
	Nut					
Colour	Traditional	Light yellow color		Light yellow color with a red shade		Brown, with a golden shade
	Nut					
Taste and smell	Traditional	Peculiar to this type of a product, without foreign smack and smells		Peculiar to this type of a product, with pleasant taste and aroma		With soft specific taste
	Nut					
Structure of porosity	Traditional	Peculiar to this type of a product, porosity		Evenly porist		It isn't enough porista
	Nut					
The organoleptic assessment, points	Traditional	22,0	21,5	22,5	22,5	21,5
	Nut	23,0	22,5	23,0	23,5	23,5

Na investigação da qualidade dos cupcakes foi estabelecido que a introdução na massa de pó de espinheiro numa dosagem de 10-15% leva à melhoria dos indicadores organolépticos e físico-químicos de qualidade. E a adição de um aditivo numa composição piora os indicadores de qualidade dos produtos acabados.

Os indicadores físicos e químicos dos tipos de produtos estudados são apresentados no quadro 2.

Tabela 2. Indicadores físicos e químicos da qualidade dos cupcakes sem aditivo e com introdução de pó de espinheiro

Index	Type of a product	Control samples	Products with powder use in quantity to the mass of a flour, %			
			5,0	10,0	15,0	20,0
Humidity of finished products, %	Traditional	14,00	14,05	13,72	13,65	15,00
	Nut	13,00	13,13	12,00	12,05	14,00
Alkalinity, grad.	Traditional	0,7	0,6	0,5	0,5	0,5
	Nut	0,6	0,6	0,5	0,5	0,4
Specific volume, sm³	Traditional	1,48	1,51	1,71	1,72	1,69
	Nut	1,47	1,49	1,64	1,65	1,59
Porosity ,%	Traditional	62,0	62,5	61,0	61,5	56,4
	Nut	64,0	64,0	64,8	64,6	60,8
Mass fraction sugar,%	Traditional	38,84	38,85	38,65	37,43	36,78
	Nut	39,74	39,76	39,85	38,56	37,25
Mass fraction of ashes insoluble in 10% of HCl,%	Traditional	0,1	0,01	0,01	0,01	0,01
	Nut	0,1	0,01	0,01	0,01	0,01

A análise comparativa dos resultados obtidos permite concluir que, com a introdução de 10-15% de pó de espinheiro, o volume específico dos cupcakes aumenta em comparação com o controlo. A humidade nas amostras experimentais de cupcakes pode ser explicada pela capacidade das fibras alimentares do pó de ligar a humidade.

Os indicadores organolépticos do produto com uma dosagem óptima de pó são superiores aos da amostra de controlo em termos de sabor e aroma, uma vez que as fibras alimentares emergentes na sua estrutura possuem a capacidade de untar, e a gordura, por sua vez, mantém as substâncias aromáticas presentes nos produtos, tanto com as matérias-primas principais, como com o pó.

Os protótipos de bolos diferem do controlo pela melhoria da condição de porosidade do miolo.

Para a definição da determinação das propriedades funcionais dos produtos desenvolvidos, foi estudado o seu valor nutricional. Foi estabelecido que a introdução do pó nas composições de bolos proporciona um elevado teor de fibras alimentares, vitaminas e substâncias minerais na sua estrutura.

O valor nutricional dos bolos é apresentado no quadro 3.

Quadro 2: Valor nutricional dos bolos sem aditivo e com introdução de 15% de pó de espinheiro

Index	The contents in 100g. cake	Daily requirement
Control samples		
Proteins, g.	15,52	30-50
Fats, g.	53,26	20-25
Carbohydrates, g.	125,4	400-500
Food fibers, g.	0,13	25
Na, mg.	75,19	4000-6000
K, mg.	176,3	2500-5000
Ca, mg.	45,3	800-1000
Fe, mg..	1,00	15
B_1 mg.	0,5	1,5-2
B_2 mg.	0,65	2-2,5
B_6 mg.	0,03	2-3
PP mg.	1,28	15-25
Experimental samples		
Proteins, g.	15,75	30-50
Fats, g.	55,32	20-25
Carbohydrates, g.	130,3	400-500
Food fibers, g.	0,45	25
Na, mg.	80,84	4000-6000
K, mg.	214,3	2500-5000
Ca, mg.	56	800-1000
Fe, mg.	1,19	15
B_1 mg.	0,610	1,5-2
B_2 mg.	0,671	2-2,5
B_6 mg.	0,06	2-3
PP mg.	1,35	15-25

Os cupcakes funcionais permitem que a nomeação aumente o grau de satisfação das necessidades de um corpo humano nos elementos vitais.

CONCLUSÕES

Com base nos estudos experimentais efectuados, é possível concluir que o pó de matérias-primas secundárias pode ser considerado como uma nova perspetiva de matérias-primas para a produção de cupcakes e para a expansão da gama de produtos de confeitaria à base de farinha com um objetivo funcional.

REFERÊNCIAS

[1] . Magomedov G. O. Melhoria da tecnologia de confeção de farinha//Voronezh, state. Tekhnol. Akkad. Voronezh: (2008). 200p.

[2] . Kabaloyeva, A. S. Utilização de produtos da transformação de matérias-primas de frutos e bagas silvestres na produção de produtos semi-acabados de biscoitos/Ampere-second. Kabaloyeva, A.S. Dzhaboyev, Z. S. Dumanishev//Problemas comerciais e económicos do espaço empresarial regional: materiais V da competição científica e prática internacional. - Chelyabinsk, (2007) pp 29-31.

[3] . Perfilova, O. V. Pós de frutas e vegetais de um resíduo na produção de confeitaria [Texto] / O. V. Perfilova, B. A. Baranov, YU.G. Skripnikov / armazenamento e processamento de matérias-primas agrícolas (2009) No. (9) pp 52-54.

[4] . Koryachkina S. Ya. Novos tipos de farinhas e produtos de confeitaria. Bases científicas, tecnologias, composições /S. Ya. Koryachkina. - Eagle: trabalho, (2006) 496p.

[5] . Norma internacional 15052-96, Bolos: (2008).

FRUTOS SECOS COMO MATÉRIA-PRIMA PARA CONFEITARIA INDÚSTRIA

INTRODUÇÃO

A noz é uma das espécies de frutos secos mais populares do mundo. Caracteriza-se por um elevado valor nutricional e uma influência muito positiva no organismo humano. As nozes são utilizadas não só como alimento individual, mas também como parte de diferentes produtos alimentares [1,2].

As nozes são frequentemente utilizadas na indústria de confeitaria. No entanto, os processos oxidativos nas gorduras dos frutos secos reduzem drasticamente o prazo de validade dos produtos de confeitaria. A estabilização dos processos oxidativos nas nozes através de alguns estabilizadores seguros e naturais, como a dihidroquercetina, pode aumentar o prazo de validade dos produtos de confeitaria com nozes[3,4,5].

As nozes são a única fonte natural tanto de nutrientes básicos como de um complexo de compostos biologicamente activos menores. Contêm uma grande quantidade de proteínas e gorduras completas, o que lhes confere um elevado valor energético. As nozes contêm vitaminas A, E e do grupo B, bem como um complexo único de micro e macroelementos [6,7].

As nozes contêm até 60 % de gordura rica em ácidos gordos mono e poli-insaturados, o que provoca o seu rápido ranço. Os produtos da oxidação lipídica têm um efeito carcinogénico e mutagénico nas pessoas, razão pela qual os processos oxidativos nas gorduras atraem tanta atenção na avaliação da qualidade das nozes [8,9].

O objetivo deste estudo foi explorar os processos oxidativos que ocorrem nas gorduras durante o armazenamento das nozes.

OBJECTOS E MÉTODOS

Para a investigação, as nozes colhidas em 2015 foram compradas nos mercados retalhistas de Moscovo. Para estudar os danos oxidativos destas nozes, estas foram armazenadas em termóstato a 30°C na embalagem do fabricante. A medição dos principais parâmetros de oxidação foi efectuada todas as semanas durante 5 semanas.

Para estimar o grau de oxidação das gorduras das nozes, o óleo de noz foi produzido por prensagem a frio[10]. Para este efeito, medimos o índice de peróxidos, que indica o teor de produtos de oxidação primários (peróxidos e hidroperóxidos), o índice tiobarbitúrico, que indica o teor de produtos de oxidação secundários, ou seja, o malondialdeído, o teor de dienos conjugados, as substâncias aromáticas voláteis e a composição em ácidos gordos

O índice de peróxidos (PV) foi avaliado de acordo com a norma GOST R 51487-99 "Óleos vegetais e gorduras animais. Método de estimativa do índice de peróxidos" [11]. Consistiu na reação, no escuro, de uma mistura de óleo e ácido clorofórmico-acético 2:3 (v/v) com uma solução saturada de iodeto de potássio. O iodo formado foi titulado com tiossulfato de sódio 0,1 N até que a cor amarela quase desaparecesse. Em seguida, após a adição do indicador de amido, a titulação foi prosseguida até ao desaparecimento da cor azul. O índice de peróxidos (meq kg^{-1}) foi calculado de acordo com a fórmula: PV = volume de tiossulfato de sódio x 0,1 N x 1000 / massa de óleo.

O valor tiobarbitúrico (TV) [12] foi avaliado de acordo com os seguintes métodos: 5 ml de óleo foram adicionados a 5 ml de solução de ácido tiobarbitúrico e aquecidos num banho de água durante 40 minutos para o desenvolvimento da cor rosa. Em seguida, o tubo com a mistura foi arrefecido durante 1 hora. A absorvância foi medida a 532 nm utilizando um espetrofotómetro. O valor tiobarbitúrico foi calculado a partir de uma curva padrão de malondialdeído e expresso em mg de malondialdeído por kg de amostra.

Dienos conjugados (CD). As amostras de óleo pesadas foram dissolvidas em 6 ml de n-hexano. A absorvância do dieno conjugado foi medida a 232 nm num espetrofotómetro. Os resultados foram registados como o coeficiente de extinção da amostra E (1 %, 1 cm) [12,14].

A composição em ácidos gordos foi avaliada de acordo com a norma GOST 30418-96 "Óleos vegetais. Método de estimativa da composição em ácidos gordos" [13]. Os ésteres metílicos de ácidos gordos dos lípidos totais foram analisados num cromatógrafo de gás-líquido (Kristalljuks 4000 M) equipado com um detetor de ionização de chama. Foi utilizada uma coluna capilar HP FFAP (50 m x 0,2 mm x 0,3 nm). A temperatura da coluna foi programada de 200 a 230 °C. O veículo foi o azoto. Os ésteres metílicos de ácidos gordos separados foram identificados por comparação dos seus tempos de retenção com os das amostras autênticas.

Os compostos voláteis foram determinados por extração de nozes picadas com éter dietílico. O extrato obtido foi cromatografado no cromatógrafo Shimadzu GC 2010 com detetor de massa GCMS-QP 2010 na coluna MDN-1 (silicone metílico de ligação rígida 30 m x 0,25 mm) em regime de gradiente de temperatura com os seguintes parâmetros operacionais: temperatura do injetor 2000 °C, temperatura da interface 2100 °C, temperatura do detetor 2000 °C. O gás de arrastamento foi o hélio.

A análise sensorial foi efectuada por um grupo de provadores testados. Todos os parâmetros foram determinados em três repetições. Os resultados da investigação foram tratados estatisticamente [15].

SECÇÃO EXPERIMENTAL

A avaliação do cheiro das nozes foi efectuada através do método do perfil. Utilizámos os seguintes descritores de odor: "oleoso", "frutado", "noz", "doce", "amadeirado" e "rançoso". A intensidade do odor foi avaliada de acordo com uma escala de 10 pontos. Os resultados obtidos são apresentados na figura 1.

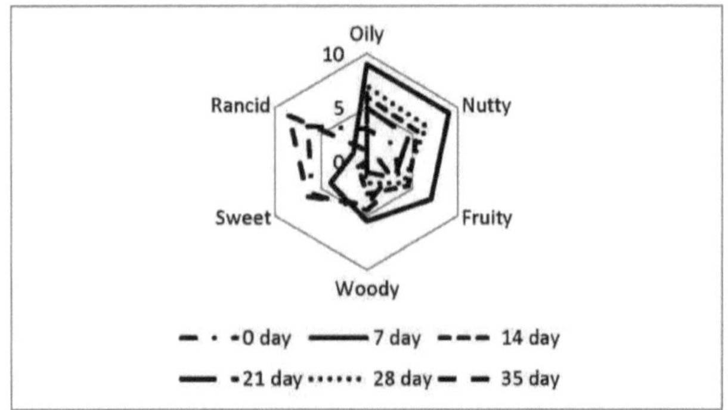

Fig. 1Dinâmica da intensidade do cheiro das nozes durante o armazenamento acelerado.

Durante o armazenamento acelerado das nozes, a intensidade dos odores "oleoso" e "rançoso" aumentou significativamente, enquanto a intensidade dos odores "frutado" e "a nozes" diminuiu.

A dinâmica do índice de peróxidos, do índice tiobarbitúrico e dos teores de dienos conjugados durante o armazenamento acelerado das nozes é apresentada na figura 2. É evidente que todos os valores aumentaram durante o armazenamento.

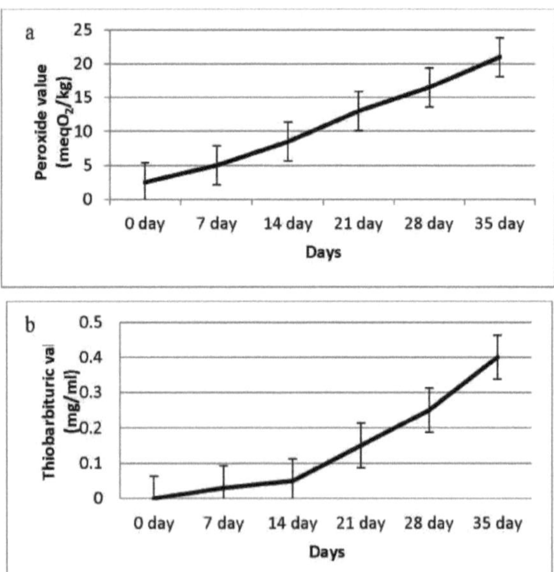

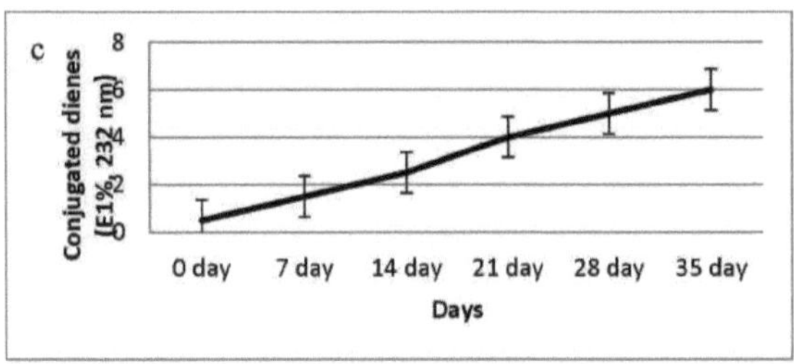

Fig. 2. Índice de peróxidos (a), índice tiobarbitúrico (b) e teor de dienos conjugados nas nozes durante o armazenamento (c).

Os PVs das amostras de nozes foram de 2,5 (dia 0) a 21,0 (dia 35). A TV das amostras de nozes durante o armazenamento variou de 0,01 (dia 0) a 0,4 (dia 35). Os valores de CD das amostras de nozes durante o armazenamento variaram de 0,5 (dia 0) a 6,0 (dia 35). Observou-se um aumento acentuado em todos os valores após 14 dias de armazenamento, o que estava relacionado com a intensificação dos processos oxidativos.

Foi calculada a correlação entre o índice de peróxidos, o índice tiobarbitúrico e o teor de dienos conjugados (Figura 3). Em geral, pode afirmar-se que houve uma boa correlação positiva entre os três parâmetros com um coeficiente superior a 0,9. O valor máximo deste coeficiente foi observado entre o índice de peróxidos e o teor de dienos conjugados.

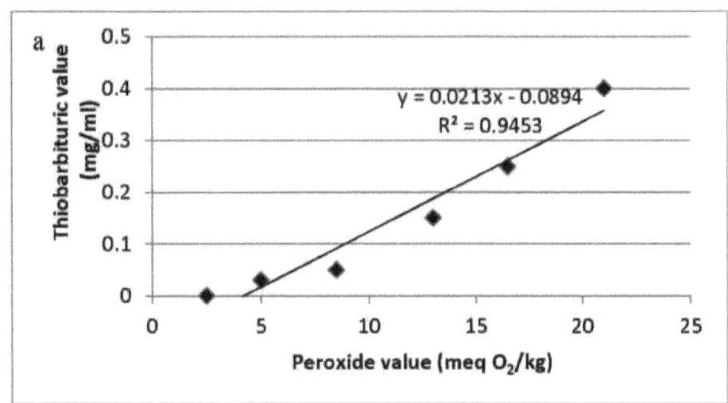

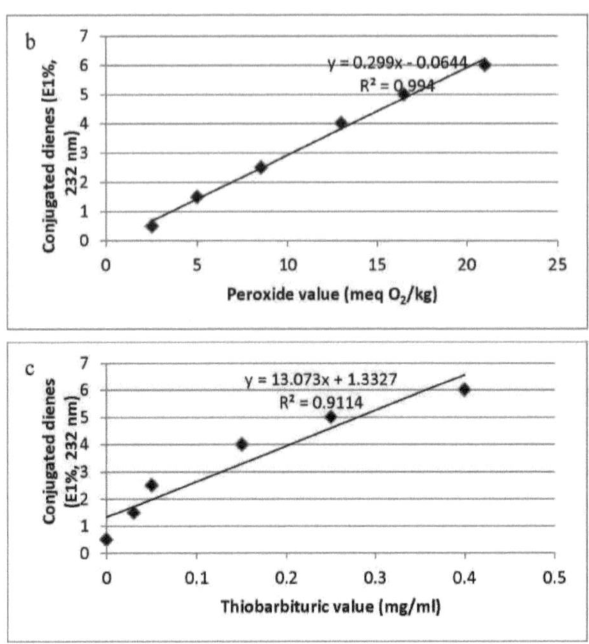

Fig. 3. Relações entre o índice de peróxidos e o índice tiobarbitúrico (a), o índice de peróxidos e os dienos conjugados (b), o índice tiobarbitúrico e os dienos conjugados (c).

Os resultados da determinação das substâncias voláteis são apresentados no quadro 1.

Tabela 1. Teor de substâncias voláteis em amostras de nozes

Substance	Content, %	
	0 day	35 day
Butyl-s-triazole	4.68	4.03
Isobutyl-oxyethyl-butyrate	4.12	3.55
Nonanal	2.11	1.82
Decane	12.04	10.36
Benzene	1.04	0.90
Dodecane	6.58	5.66
Undecane	1.14	0.98
Tridecane	3.47	2.99
Glycerol triacetate	2.86	2.46
Propanoic acid	3.04	2.61
Tetradecane	5.65	4.86

Irone alpha	2.66	2.29
Beta-bisabolene	2.06	1.78
Pentadecane	3.40	2.93
Hexadecane	3.47	2.98
Heptadecane	5.28	6.95
Phthalic acid	12.99	12.58
Bulyloctylphtalate	13.26	17.79
n-Hexadecanoic acid	5.71	8.67
Di-n-octyl phtalate	3.04	2.61
1-Hexanol	0.60	14.85
Ethinamate	1.23	12.26
2-Heptenal	0.05	6.98
Furan	1.87	32.78
Hexanoie acid	0.53	4.36
2-Noneon-1-ol	2.47	5.41
2-Nonenal	3.45	0.85
Octanoic acid	0.14	1.07
2,4-Nonadienal	0.36	1.05
Cyclohexanone	4.85	0.26
2-Dodecenal	6.54	0.80
Cyclohexen	0.08	0.95
Dodecadienal isomer	0.03	0.69
Decadienal	1.13	1.54
2-Octenalbutyl	0.07	0.23
Bicyclo	0.02	0.16
Dodecatrien	0.59	1.38
Octadecadienoic acid	3.84	0.08
Heptanoic acid	0.75	1.78
2-Undecane-9-methyl	6.24	11.28
2-Buten-1-amine	0.25	0.94

Os dados obtidos mostram que o cheiro das nozes frescas é causado pelas seguintes substâncias principais: butil-s-triazol, isobutil-oxietil-butirato, decano, dodecano, tridecano, ácido propanoico, tetradecano, ácido ftálico, ácido n-hexadecanóico e ftalato de di-n-octilo. Os danos oxidativos das nozes foram acompanhados por um aumento de 1-hexanol, etinamato, 2-heptenal, furano, ácido hexanóico, 2-noneon-1-ol, 2-undecano-9-metilo, que determinam o cheiro desagradável de ranço.

A composição em ácidos gordos das amostras de nozes é apresentada no quadro 2.

Quadro 2. Composição em ácidos gordos da noz

Fatty acid	Content, g/100 g	
	0 day	35 day
Total saturated fatty acid	10.97	15.71
6:0	0.16	0.24
10:0	0.06	0.12
11:0	0.26	0.42
14:0	0.02	0.05
16:0	8.31	10.62
17:0	0.03	0.07
18:0	2.05	4.03
20:0	0.08	0.16
Total monounsaturated fatty acid	16.00	17.83
16:1	0.08	0.24
18:1	15.42	17.59
Total polyunsaturated fatty acid	73.03	66.46
18:2	60.28	54.98
18:3	12.75	11.48

Os dados do quadro 2 mostram que o óleo de noz contém principalmente ácidos gordos monoinsaturados e lípidos aturados. O ácido gordo predominante é o linoleico e o segundo é o linolénico. Durante o armazenamento, o teor de ácidos poli-insaturados diminui, enquanto o teor de ácidos gordos saturados aumenta significativamente.

A composição em ácidos gordos das nozes é importante de várias perspectivas, incluindo a qualidade nutricional, os possíveis benefícios para a saúde proporcionados pelos ácidos gordos monoinsaturados e polinsaturados, especialmente em relação ao perfil lipídico do soro sanguíneo, o sabor - sabores desejáveis frequentemente atribuídos a vários ácidos gordos, a contribuição para a textura e a importância na manutenção da qualidade.

CONCLUSÕES

As nossas investigações mostraram que os indicadores químicos da oxidação do óleo de noz mudam durante o armazenamento acelerado. Foram observadas alterações significativas nas características olfactivas das nozes - durante o armazenamento, os odores oleosos e rançosos intensificaram-se, enquanto a intensidade dos odores a nozes e a frutos diminuiu.

Durante o armazenamento, todos os indicadores de danos oxidativos das nozes (índice de peróxidos, índice tiobarbitúrico e teor de dienos conjugados) aumentaram significativamente. Foi observada uma correlação positiva entre todos estes valores. A composição em ácidos gordos alterou-se significativamente durante o armazenamento acelerado das nozes - o teor de ácidos polinsaturados diminuiu enquanto o teor de ácidos gordos saturados aumentou significativamente. A composição das substâncias aromáticas voláteis também se alterou consideravelmente: o armazenamento é acompanhado pela acumulação de substâncias com cheiro desagradável de ranço.

REFERÊNCIAS
[1]   P.N. Jensen, G Sorensn, P. Brockhoff, S.B. Engelsen e G. Bertelsen, Evaluation of quality changes in walnut kernels. J. Agric. Food Chem. 49 (12) (2001) 5790-5796.
[2]   M.L.Martinez, D.O. Labuckas, A.L. Lamarque e D.M. Maestri, Walnut: genetic resources, chemistry, by-products, J. Sci. FoodAgric.90 (12) (2010) 1959-1967.
[3]   J.S.Amaral, S. Casal, J.A. Pereira, R.M. Seabra e B.P.P. Olivera, Determinação da composição em esteróis e ácidos gordos, estabilidade oxidativa e valor nutricional de seis cultivares de nozes cultivadas em Portugal, J. Agric. Food Chem. 51 (26) (2003) 7698-7702.
[4]   M.A. Koyuncu, Change of fat content and fatty acid composition of Turkish hazelnuts during storage, J. Food Qual. 27 (4) (2004) 304-309.
[5]   LI, Tsao R., R Yang, J.K.G. Kramer e M. Hernandez, Perfis de ácidos gordos, teores de tocoferóis e actividades antioxidantes de noz-da-índia e noz-pecã, J. Agric. Food Chem. 55 (4) (2007) 1164-1169.
[6]   J.S. Amaral, M.R. Alves, RM. Seabra e B.P.P. Olivera, Vitamin E composition of walnuts a 3-year comparative study of different cultivars, J. Agric. Food Chem. 53 (13) (2005) 54675472.
[7]   N. Qaglarirmak and A.C. Batkan, Nutrients and biochemistry of nuts in different consumption types in Turkey, J. Food Process. Preserv. 29 (5-6) (2005) 407-423.
[8]   H. Ciemniewska-Zytkiewicz, F. Pasini, V. Verard, J. Brys, P. Koczon e M.F. Caboni, Changes of the lipid fraction during fruit development in hazelnuts grown in Poland, Eur. J. LipidSci. Tech. 117 (5) (2015) 710-717.
[9]   C. Alasalvar, F. Shahidi, C.M. Liyanapathirana, e T. Ohshima, Turkish tombul hazelnut, Compositional characteristics, J. Agric. Food Chem. 51 (13) (2003) 3790-3796.
[10]   P.N. Jensen, G. Sorensn, P. Brockhoff e G. Bertelsen, Investigação de sistemas de embalagem para nozes sem casca com base em absorventes de oxigénio, J. Agric. Food Chem. 51 (17) (2003) 4941-4947.
[11]   GOST R51487-99 Óleos vegetais e gorduras animais. Método de estimativa do índice de peróxidos (1999).
[12]   G.P. Savage, Chemical composition of walnuts grown in New Zealand, Plant Food Hum. Nutr. J. 56 (1) (2001) 75-82.
[13]   GOST 30418-96 Óleos vegetais. Método de estimativa da composição em ácidos gordos (1996).
[14]   G.P. Savage, D.L. Mcneil e P.C. Dutta, Lipid composition and oxidative stability of oils in hazelnuts grown in New Zealand, J. Amer. Oil Chem. Society.74 (6) (1997) 755-759.
[15]   K.W.C. Sze-Tao andS.K. Sathe, Walnuts:proximate composition, protein solubility, protein amino acid composition and protein in vitro digestibility, J. Sci. Food Agric.80 (9) (2000) 13931401.

CONCENTRAÇÃO DE BOLACHAS CONVENCIONAIS EM INGREDIENTES ALIMENTARES FUNCIONAIS E ALTERAÇÃO DA QUALIDADE DOS PRODUTOS

INTRODUÇÃO

O desenvolvimento e a introdução generalizada de tecnologias e novos tipos de produtos de confeitaria com tipos não tradicionais de matérias-primas contribuem para a aceleração do progresso científico e técnico na indústria, a melhoria dos processos tecnológicos, o aumento da eficiência, a expansão da variedade de produtos de confeitaria, o aumento do seu valor nutricional, a utilização racional das matérias-primas. A produção de produtos funcionais é uma tarefa urgente para os especialistas da indústria alimentar. Para o efeito, utilizámos como fonte de proteína uma mistura de proteína de soja e de ervilha, e como fonte de fibra alimentar e micronutrientes, centeio com algas marinhas. [2,3,4] No decurso da experiência, foram testadas variantes de controlo de cada tipo de bolachas sem aditivos a partir de farinha de trigo de qualidade superior e amostras de bolachas com aplicação de ingredientes funcionais na massa de substâncias secas de farinha de segunda categoria. A preparação das matérias-primas foi efectuada de acordo com os requisitos das instruções tecnológicas para a produção de produtos de confeitaria à base de farinha. A massa foi feita até se obter uma massa uniformemente misturada. Os ingredientes funcionais foram adicionados à massa imediatamente antes da farinha [1,5]. Os resultados das análises são apresentados nas tabelas correspondentes.

Tabela 1. Indicadores de qualidade organoléptica de bolachas de biscoito com proteína e fibra de centeio com couve marinha

Indicator	Name of cookies				
	Cinnamon	Removable	Star	With raisins	Sanatorium
The form	Correct, corresponding to the given name of cookies, without dents				
Surface	Not burnt, without swellings, with inclusions of fiber particles rye with sea cabbage				
Colour	Light brown, with a golden tinge				Brown, with a golden tinge
Taste and smell	Peculiar to this name of the cookie, without foreign smell and taste				
View of the fracture	Uniform porosity, good workmanship				
Organoleptic evaluation, scores	28,0	27,5	27,0	27,0	27,5

Tabela 2. Indicadores físico-químicos da qualidade das bolachas amanteigadas com proteína e fibra de centeio com couve marinha

Name Indicator	Name of cookies				
	Cinnamon	Removable	Star	With raisins	Sanatorium
Moisture content,%	6,4	7,2	7,2	5,7	5,4
Alkalinity, deg.	1,1	1,2	1,3	1,3	1,2
Mass fraction of total sugar in terms of dry matter,%	32,4	31,8	32,5	24,7	30,0
Mass fraction of total sugar in terms of dry matter,%	32,4	31,8	32,5	24,7	30,0
Mass fraction of fat in terms of dry matter,%	0,79	0,87	0,79	1,24	1,01
Mass fraction of protein in terms of dry matter,%	12,30	11,10	11,12	11,21	12,31
Mass fraction of ash in terms of dry matter,%	0,79	0,87	0,79	1,24	1,01
Mass fraction of cellulose in terms of dry matter,%	0,72	0,75	0,75	0,65	0,75
Mass fraction of ash insoluble in 10% HCL in terms of dry matter,%	0,06	0,06	0,06	0,06	0,06
Wetting, %	253	250	225	210	245
Density, g. sm^3	0,37	0,40	0,42	0,44	0,39

Com base nos dados apresentados, pode-se argumentar que a introdução de uma quantidade óptima de proteína e fibra de centeio com couve marinha nas formulações de biscoitos afecta positivamente a qualidade e permite manter indicadores de qualidade característicos para amostras de controlo. Ao enriquecer as bolachas, bem como ao substituir a farinha de trigo de grau superior por farinha de trigo de segundo grau, não só melhorámos as suas propriedades organolépticas e físico-químicas, como também aumentámos significativamente o valor nutricional [5]. Valor nutricional de bolachas amanteigadas com proteína e fibra de centeio com couve marinha.

Tabela 3. Valor nutricional das bolachas amanteigadas com proteína e fibra de centeio com couve marinha

Name Indicator	Name of cookies									
	Cinnamon		Removable		Star		With raisins		Sanatorium	
	In 100g of product	RNP, %	In 100g of product	RNP, %	In 100g of product	RNP, %	In 100g of product	RNP, %	In 100g of product	RNP, %
Mass Proportion of protein,%	12,02	16,0	10,99	14,7	10,88	14,5	10,95	14,6	12,22	16,3
Mass fat content,%	18,72	22,6	18,62	22,4	14,44	17,4	18,40	22,2	20,29	24,5
Mass Fraction of digestible carbohydrates, %	56,68	15,5	56,78	15,6	61,21	16,8	59,71	16,4	57,84	15,9
Mass Fraction of dietary fiber,%	5,08	16,9	5,34	17,8	5,34	17,8	4,54	15,2	5,24	17,5
Energy value, kcal / kJ	432/ 1809	17,3	429/ 1796	17,1	408/ 1708	16,3	435/ 1821	17,4	452/ 1892	18,1
Mineral substances, mg:										
K	205,81	5,9	213,22	6,1	200,89	5,7	252,75	7,2	240,31	6,9
Ca	43,00	4,3	44,17	4,4	35,41	3,5	51,23	5,1	41,38	4,1
Mg	56,92	14,2	59,58	14,9	58,42	14,6	51,17	12,8	69,38	17,3
P	163,87	16,4	167,88	16,8	153,20	15,3	144,16	14,4	165,19	16,5
Fe	6,41	45,8	6,44	46,0	6,29	44,9	6,27	44,8	6,06	43,3
Vitamins, mg										
B_1	0,76	50,5	0,76	50,4	0,75	50,0	0,75	50,1	0,75	50,1
B_2	0,65	36,1	0,64	35,4	0,59	33,0	0,61	33,6	0,54	29,9
B_6	0,56	28,0	0,56	27,8	0,54	27,0	0,56	27,9	0,50	24,9
B_c	0,07	35,0	0,07	34,8	0,07	33,7	0,07	34,8	0,06	31,2
PP	7,43	37,2	7,45	37,3	7,48	37,4	7,28	36,4	8,01	40,1

CONCLUSÕES

Estabelecemos as seguintes alterações no produto acabado

- A fração de massa de proteínas nas bolachas "Com Canela" aumentou 1,6 vezes, a fibra alimentar 3,1 vezes, a fração de massa de hidratos de carbono assimilados diminuiu 13,8% e o valor energético 4,2%, o conteúdo de substâncias minerais aumentou 2,0 vezes e as vitaminas - 6,3 vezes;

- A fração mássica de proteínas nas bolachas "Removível" aumentou 1,5 vezes, a fibra alimentar 3,4 vezes, a fração mássica de hidratos de carbono assimilados diminuiu 13,2% e o valor energético 4,3%, o teor de substâncias minerais aumentou 2,0 vezes, e as vitaminas - 6,3 vezes;

- A fração de massa da proteína nas bolachas "Star" aumentou 1,6 vezes, a fibra alimentar 3,0 vezes, os hidratos de carbono assimilados diminuíram 12,4% e o valor energético 4,3%, o conteúdo mineral aumentou 2%, 2 vezes, e as vitaminas - 6,3 vezes;

- A fração de massa de proteínas nas bolachas "Com passas" aumentou 2,1 vezes, a fibra alimentar 2,9 vezes, a fração de massa de hidratos de carbono assimilados diminuiu 12,1% e o valor energético 5,9%, o conteúdo de substâncias minerais aumentou 1,9 vezes e as vitaminas - 7,7 vezes;

- A fração mássica de proteínas no biscoito "Sanatorium" aumentou 1,5 vezes, a fibra alimentar 2,7 vezes, a fração mássica de hidratos de carbono assimilados diminuiu 12,7% e o valor energético 3,7%, o teor de substâncias minerais aumentou 1 , 8 vezes e vitaminas - 3,4 vezes;

REFERÊNCIAS

[1] . Belova TG Experiência na utilização integrada de matérias-primas na indústria de confeitaria. / Indústria Alimentar, Série 17, edição. 4-M.: AgroNIIETEIp (1989) 151p.

[2] . Drobot VI Utilização de matérias-primas vegetais não tradicionais na indústria de panificação. -Kyiv: "The Harvest", (1988)151p.

[3] . Doronin AF, Shenderov BSNutrição funcional. M.: "GrantData", (2002) 296p.

[4] . Dobrodeeva L.K. Preparações medicinais de origem algal. Arkhangelsk, (1997) 24 p.

[5] . Kuznetsova L.G. e outros. Indicadores de valor alimentar e energético de alguns grupos de produtos de confeitaria e métodos para o seu cálculo.-M.: (1990) 52p.

yes

I want morebooks!

Buy your books fast and straightforward online - at one of world's fastest growing online book stores! Environmentally sound due to Print-on-Demand technologies.

Buy your books online at
www.morebooks.shop

Compre os seus livros mais rápido e diretamente na internet, em uma das livrarias on-line com o maior crescimento no mundo! Produção que protege o meio ambiente através das tecnologias de impressão sob demanda.

Compre os seus livros on-line em
www.morebooks.shop

Printed by Books on Demand GmbH, Norderstedt / Germany